Sitzungsberichte
der Akademie der Wissenschaften
der DDR
Mathematik – Naturwissenschaften – Technik

22 N

1982

Hans-Joachim Spangenberg

Die Pyrolyse von Kohlenwasserstoffen im thermischen Plasma – Bildung von Acetylen und Ruß

AKADEMIE-VERLAG · BERLIN

Sitzungsberichte
der Akademie der Wissenschaften
der DDR
Mathematik — Naturwissenschaften — Technik

Jahrgang 1982 · Nr. 22/N

Hans-Joachim Spangenberg

Die Pyrolyse von Kohlenwasserstoffen im thermischen Plasma – Bildung von Acetylen und Ruß

AKADEMIE-VERLAG · BERLIN
1983

Vortrag von Hans-Joachim Spangenberg,
Korrespondierendes Mitglied der Akademie
der Wissenschaften der DDR, gehalten in
der Sitzung der Klasse Chemie am 19. November 1981

Herausgegeben im Auftrage
des Präsidenten der Akademie
der Wissenschaften der DDR
von Vizepräsident Prof. Dr. Heinrich Scheel

ISSN 0138-3956
Erschienen im Akademie-Verlag, DDR-1086 Berlin, Leipziger Str. 3-4

Lizenznummer: 202 · 100/51/83
Printed in the German Democratic Republic
Gesamtherstellung: VEB Druckhaus Köthen
LSV 1215
Bestellnummer: 763 1811(2010/82/22/N)
DDR 4,50 M

1. Einführung

Während Pyrolysen von Kohlenwasserstoffen bei Temperaturen um 1000 K vorrangig zu Verbindungen wie Äthylen oder Propylen führen, erfordert die stark endotherme Bildung von Acetylen, Cyanwasserstoff, Dicyan u.a. die Durchführung von Reaktionen bei $T \gtrsim 3000$ K [1], [2].

Die Umsetzung von Kohlenwasserstoffen (KW) in Plasmen mit hoher innerer Energie und der gleichzeitigen Existenz von Atomen, Elektronen, Ionen, Molekülen und Radikalen gestattet es, Prozesse zur Bildung der oben genannten Verbindungen in unkonventioneller Weise ablaufen zu lassen. Prinzipiell sind hierfür sowohl nichtthermische als auch thermische Plasmen geeignet. Bei Anwendung kalter elektrischer Entladungen, d.h. nichtisothermer Plasmen der Glimm-, Korona- und HF-Entladungen, bei denen die KW-Fragmentierung durch stoßende Elektronen ausgelöst wird, ist der Prozeß nicht genügend selektiv, zum anderen ist wegen des verminderten Drucks dieser Entladungssysteme der Stoffdurchsatz gering und für den Umsatz größerer Mengen an Kohlenwasserstoffen (Erdgas) ungeeignet [3].

In den Kreis der folgenden Betrachtungen werden in erster Linie Plasmen mit thermischem Charakter einbezogen, bei denen eine Boltzmann-Verteilung der Energie über die verschiedenen Partikelarten und deren innere Freiheitsgrade existiert [4]. Von besonderem Interesse sind chemische Prozesse zwischen 2000 und 6000 K, die im Lichtbogen oder im Plasmastrahl bei Normaldruck oder höherem Druck ablaufen. Insbesondere der energiereiche Wasserstoff-, Stickstoff- oder Argonplasmastrahl kommen für die Zumischung großer Anteile an Kohlenwasserstoffen – von Methan bis zu hochsiedenden Erdölfraktionen und Kohleinhaltsstoffen — in Frage.

Das Prinzip der Hochtemperaturpyrolyse im Plasmastrahl, der im folgenden vorrangig als Reaktionsmedium fungiert, besteht darin, daß die Kohlenwasserstoffe bzw. andere Reaktanten hinter der Anodendüse des Plasmatrons in den heißen Gasstrahl eingemischt werden, dort dissoziieren und entsprechend den kinetischen und thermodynamischen Bedingungen über Radikalprozesse rekombinieren. Eine anschließende Senkung der Temperatur mit Geschwindigkeiten $\frac{dT}{dt} \approx 10^6 - 10^7\ Ks^{-1}$, verursacht durch geeignete Quenchmedien, vermeidet den Zerfall der gerade gebildeten Spezies [5].

Der durch Überdruck bewirkte Austritt heißen Lichtbogengases aus der gasdicht geschlossenen Entladungskammer erfolgt i.a. durch die Hohlanode und ergibt einen laminaren oder stärker turbulenten Gasstrahl. Je nach Leistung tritt dieser Gasstrahl mit 4000—10000 K Achsentemperatur und $v_0 = 10^2 - 10^3\ ms^{-1}$ Geschwindigkeit aus dem Plasmatron aus [6]. Als Plasmagrundgase eignen sich für Reaktionen mit Kohlenwasserstoffen insbesondere Wasserstoff und Stickstoff, für diagnostische Zwecke auch Argon. Wegen der latenten Energien der Dissoziation vermögen dabei zweiatomige Gase mehr Energie als einatomige Edelgase zwischen 2000 und 8000 K zu speichern. Mit zunehmendem Abstand von der Austrittsdüse bzw. der Achse des als rotationssymmetrisch angenommenen Gasstrahls fallen Temperatur und Geschwindigkeit erheblich ab.

Während die Dissoziation der zweiatomigen Gase 400—900 kJ · mol^{-1} beansprucht, erfordert die Ionisation 1400—2500 kJ · mol^{-1} [7]. Die Ionendichte beträgt in einem Ar-Plasmastrahl z.B. bei 7000 K Austrittstemperatur etwa $5{,}6 \cdot 10^{14}\ cm^{-3}$. Dissoziations- und Ionisationsgrade als Funktion der Temperatur können nur genähert nach der EGGERT-SAHA-Gleichung berechnet werden, da die Rekombination mit Relaxationserscheinungen verbunden ist. Bei günstigen hydrodynamischen Bedingungen erreichen z.B. CH_4-Moleküle, die in einen Stickstoff-Plasmastrahl eingebracht werden, die Temperatur des Plasmagrundgases sehr rasch und zerfallen in etwa 10^{-5} bis 10^{-4} s in Atome und Radikale, bzw. es bilden sich thermodynamisch begünstigte neue Moleküle, wie C_2H_2 und HCN. Diese Spezies verteilen sich gemäß den unterschiedlichen Reaktionszeiten im Plasmastrahl und erreichen eine maximale Konzentration an bestimmten Orten des heißen Gasstrahls, d.h. in definierten Abständen z von der Austrittsdüse bzw. dem Zumischpunkt des Kohlenwasserstoffs.

2. Ergebnisse von Kohlenwasserstoffumsetzungen bei hohen Temperaturen

BERTHELOT's Acetylensynthese aus Graphit und Wasserstoff in der elektrischen Entladung war der erste plasmachemische Prozeß, der aber nur geringe Umsätze brachte.

Heute wissen wir, daß es wegen der hohen Sublimationsenergie des Kohlenstoffs günstiger ist, von bereits präformierten Kohlenwasserstoffen auszugehen. Die Pyrolyse von Methan im Wasserstoff-Plasmastrahl erbringt bei Leistungen des Plasmatrons zwischen 20 und 100 kW (industrielle Plasmatrone haben Leistungen von 1—10 MW) und einer Quenchgeschwindigkeit von $\frac{dT}{dt} \approx$

10^6-10^7 Ks^{-1} bei Normaldruck Acetylen-Konzentrationen von 15 bis 20 Vol.-% im Kaltgas, das entspricht abhängig vom Primärverhältnis CH_4/H_2, Umsetzungen des Kohlenstoffs von Methan zu Acetylen von 70–85%. Der Aufwand an Elektroenergie liegt bei 9–11 kWh/kg C_2H_2 [5]. Beim Einbringen des Methans in einen Stickstoffplasmastrahl entstehen bei Temperaturen zwischen 3000 und 4500 K vorrangig Cyanwasserstoff und Acetylen. Hier werden bei einem Primärverhältnis von $CH_4:N_2 = 1:3$ etwa 75% des in Form von Methan zugeführten Kohlenstoffs in die Zielverbindungen HCN und C_2H_2 transferiert, die nach dem Quenchvorgang etwa zu gleichen Teilen im Finalgas vorliegen (Gemisch zur Acrylnitril-Synthese). Allerdings ist der Rußanteil bei diesem Prozeß wesentlich höher als bei der Pyrolyse im Wasserstoff-Plasma.

Weiter soll die Pyrolyse von Propan im Wasserstoff-Plasmastrahl angeführt werden. Dem Wasserstoff wurde über das Plasmatron eine mittlere Massenenthalpie von 170–210 kJ · mol^{-1} vermittelt. Unter Berücksichtigung der Dissoziation $H_2 \rightarrow 2H$ entspricht das einer mittleren Temperatur von 3200–3400 K. Bei einem Grundverhältnis $H_2:C_3H_8 = 4:1$ ergaben die gaschromatographischen Analysen für das Pyrolysegas, abgesehen vom Wasserstoff, die in Tab. 1 angegebene Zusammensetzung. Bemerkenswert sind neben dem Acetylen die Anteile an Methan und Äthylen im Finalgas, während die Summe der Konzentrationen an Acetylenderivaten und Propadien nur insgesamt 1 Vol.-% beträgt; auch der Rußanteil ist niedrig.

Tabelle 1 Zusammensetzung des abgeschreckten Pyrolysegases für Wasserstoff-/Propanplasma (4:1)

	Vol.-%	% bezogen auf eingesetzten Kohlenstoff
Acetylen	15,7	72,23
Diacetylen	0,42	4,47
Monovinylacetylen	0,29	2,49
Propadien	0,05	0,32
Methan	4,7	10,66
Äthan	0,03	0,09
Propan	—	—
Äthylen	2,0	7,06
Propylen	—	—
Butadien-1,3	0,05 [1]	Ruß 2,7
Methylacetylen	0,05 [1]	
Propenylacetylen	0,05 [1]	

[1] geschätzt in Anlehnung an Propadien und Monovinylacetylen

Für eine weitere chemische Behandlung der Pyrolysegase ist der Anteil an höheren Alkinen jedoch wichtig. Daher wird die Bildung solcher Verbindungen im Zusammenhang mit Radikalreaktionen nochmals erörtert.

Plasmapyrolysen von höheren Alkanen und hochsiedenden Kohlenwasserstoffen zeichnen sich durch einen hohen Umsetzungsgrad und verglichen zur Methanpyrolyse niederen spezifischen Energieaufwand für die Bildung der ungesättigten Produkte aus. Zusätzlich zum Acetylen treten bei Hochtemperatur-Pyrolysen Äthylen und Propylen dann in Erscheinung, wenn flüssige Kohlenwasserstoffe bei mäßig hohen Temperaturen (< 2000 K) als chemische Quenchmittel in das reaktive Plasma eingedüst werden. In Tab. 2 sind für einige bekannte plasmachemische Prozesse Wandlungsgrade und Energiedaten zur Acetylensynthese aufgeführt. Zum Vergleich sind auch Umsetzungen in Glimmentladungen sowie in Funkenentladungen und der Energieaufwand für den konventionellen Karbidprozeß angegeben. Während die theoretische Enthalpie der Reaktion $2CH_4 \rightarrow C_2H_2 + 3H_2$; $H^0_{298} = 377$ kJ · mol^{-1} beträgt, die sich zusammensetzt aus der Energie des Bruchs von 6 C—H-Bindungen (im Mittel 436 kJ pro Mol C—H-Bindungen), der Rekombination der H-Atome zu H_2 (435 kJ · mol^{-1}) und dem Zusammenschluß der CH-Radikale zu C_2H_2

Tabelle 2 Umwandlungsgrade und Energiedaten einiger plasmachemischer Acetylen-Synthesen

Ausgangs-substanz	Prozeß	Syntheseprodukt	Umwand-lungsgrad %	Energieauf-wand kWh/kg^{-1} (experi-mentell)
Methan	Pyrolyse im Wasserstoffstrahl	C_2H_2	70–85	9,8
Methan	Elektro-Cracken im Hochvoltbogen (Hüls)	C_2H_2	50–55	12
Methan	Elektro-Cracken im Lichtbogen (Dupont)	C_2H_2	80–90	15
Erdgas (91,5% CH_4)	Wasserstoffstrahl	C_2H_2	69	9,7
Alkane	Wasserstoffstrahl	C_2H_2 + Olefine	50–60	6–8
Leichtbenzin	Wasserstofflichtbogen-pyrolyse	$C_2H_2 + C_2H_4$	75	5,8
Graphit + Wasserstoff	Oberflächenpyrolyse	C_2H_2	80	10
Methan	Glimmentladung	C_2H_2	60	40
Alkane	Glimmentladung	C_2H_2	50	20
Rohöl	Funken	C_2H_2	55	5–6
Carbidprozeß		C_2H_2		13–14,5

(964 kJ · mol^{-1}), vermindert sich der Energieaufwand beim Übergang zu anderen Alkanen gemäß $\frac{2}{n} C_nH_{2n+2} \rightarrow C_2H_2 + \left(1 + \frac{2}{n}\right) H_2$ beträchtlich.

Ein besonderes praktisches Interesse besitzt die direkte Umwandlung von Kohle oder Kohleinhaltsstoffen zu Acetylen [8]. Während Steinkohlen wiederholt in dieser Weise untersucht wurden, ist gerade für die C_2H_2-Erzeugung der DDR der Einsatz von Braunkohlen naheliegend [9].

Das Einbringen von Braunkohle-Partikeln ist verglichen mit der Einmischung gasförmiger Kohlenwasserstoffe in den turbulenten heißen Wasserstoffstrahl wegen der hohen Viskosität des Grundplasmas mit erheblichen Schwierigkeiten verbunden. So hat sich die Plasmapyrolyse von Rohbraunkohle als wenig günstig erwiesen, da die in der Kohle enthaltenen Ballaststoffe ohne Effekt im Plasma mit aufgeheizt werden müssen. Nachteilig wirkt sich auch ein zu hoher Sauerstoffanteil der Kohle, der im Plasma die Freisetzung von CO und OH-Radikalen bewirkt, auf die Acetylenausbeute aus. Schließlich ist der C_2H_2-Anteil im Pyrolysegas bei hohem spezifischen Energieaufwand mit 6–7,5 Vol.-% unbefriedigend.

Günstiger ist dagegen die Plasmaumsetzung von sauerstoffarmen Braunkohleinhaltsstoffen (BKI), die durch thermische oder hydrothermale Behandlung von Braunkohlen erhalten werden, zu beurteilen.

Aus der Vielzahl der zur Verfügung stehenden Kohleinhaltsstoffe wurden sauerstoffarme Fraktionen zweier Siedebereiche für eine Hochtemperaturpyrolyse ausgewählt, die als Modellsysteme dienten. Die genannten Braunkohleinhaltsstoffe wurden in ein Wasserstoffplasma mit Temperaturen um 3400 K und einer Enthalpie von 200 kJ/mol eingeführt. Der Plasmastrahl hatte am Anodenaustritt eine Geschwindigkeit von ca. 650 m s^{-1}. Die Quenchung des heißen Pyrolysegases erfolgte einmal durch Wärmetauscher, aber auch durch Gase wie Wasserstoff, Propan usw. Dabei müssen Quenchgeschwindigkeiten von $\frac{dT}{dt} \approx 10^6 - 10^7$ Ks^{-1} erreicht werden. Entscheidend ist hier, wie auch bei der Erdgaspyrolyse, die Einhaltung einer optimalen Verweilzeit in der heißen Zone. Die genügend schnelle Vermischung der flüssigen BKI mit dem Wasserstoffplasma ist dafür wesentlich. In solchen Fäßlen, wo die Viskosität der schweren Fraktionen zu hoch war, mußte der Ausgangsstoff vorgewärmt werden ($\approx$ 120 °C).

Grundvoraussetzung der erfolgreichen Plasmastrahlpyrolyse ist eine möglichst schnelle und vollständige Einbringung des umzusetzenden Ausgangsstoffes in das Zentrum des Plasmastrahles, wobei eine strake Strahlturbulenz die Vermischung wesentlich begünstigt.

Es wurden unterschiedliche Zumischtechniken erprobt; die Einspritztechnik, bei der der flüssige Kohlenwasserstoff über mehrere Kanülen konzentrisch in die Reaktionskammer der Plasmaanlage eingeführt wird und die

Verdüsungstechnik, bei der über mehrere Zerstäuberdüsen die flüssigen Kohlenstoffträger mittels eines Zerstäubergases (z. B. Propan) fein verteilt in den Reaktor eingesprüht werden. Durch die Einführung der flüssigen BKI als feinverteiltes Aerosol mit Hilfe eines Zerstäubergases ergab sich eine Steigerung der Konzentrationen an ungesättigten C_2-Kohlenwasserstoffen im Pyrolysegas auf 18,8 Vol.-%, wobei 55% des eingesetzten Kohlenstoffs zu C_2H_2 und C_2H_4 umgesetzt wurden.

In Tab. 3 ist für die Wandlung sauerstoffarmer Kohleinhaltsstoffe die Zusammensetzung der Pyrolysegase angegeben. Dabei wurde sowohl mit Propan als auch mit Argon als Zerstäubergas gearbeitet. Die entsprechenden C/H-Verhältnisse des aus Grundplasma, Zerstäuber und BKI bestehenden Systems betrugen 2,83 bzw. 3,13. Die Differenz zu 100 Vol.-% ist Wasserstoff. Die Raumanteile von Position 10 bis 12 der Tab. 3 sind anhand der Diacetylen-Eichkurve abgeschätzt worden. Die Summe der Konzentrationen an Acetylenderivaten und Propadien liegt insgesamt noch unter 1 Vol.-%. Die Gase H_2S, CS_2 und CO sind nur qualitativ bestimmt worden und erreichen zusammen etwa die gleiche Menge; der H_2O-Anteil wurde nicht ermittelt. Die Differenz zu 100% des in Form der BKI eingesetzten Kohlenstoffs (Gewichtsanteile) erscheint nicht im Pyrolysegas, sondern findet sich in Schwerkondensaten und zu einem geringen Teil im Ruß wieder.

Tabelle 3 Pyrolysegas nach Verdüsung flüssiger Braunkohle-Inhaltsstoffe der Elementarzusammensetzung: 85% C; 12% H; 1,5% S; 1,4% O

	Zerstäubergas Verhältnis C/H	Propan 2,83 Vol.-%	 C-Umsatz in %	Argon 3,13 Vol.-%	 C-Umsatz in %
1.	Acetylen	12,9	38	12,8	31
2.	Methan	9,6	14	5,1	6,3
3.	Äthylen	5,9	17,3	3,4	8,4
4.	Äthan	0,10	0,3	0,12	0,3
5.	Propan	0,17	0,8	0,10	0,4
6.	Propylen	0,31	1,4	0,37	1,4
7.	Monovinylacetylen	0,21	1,2	0,19	0,9
8.	Diacetylen	0,16	0,9	0,19	0,9
9.	Propadien	0,07	0,3	0,07	0,25
10.	Butadien-1,3	0,11	0,7	0,20	1,0
11.	Methylacetylen	0,13	0,6	0,15	0,6
12.	Propenylacetylen	0,06	0,5	0,10	0,7
13.	Benzol	0,10	0,9	0,17	1,3

Wesentlich ist, daß auch beim Einsatz von Argon als Zerstäubergas der Acetylen-Anteil gegenüber Propan als Zerstäuber nur geringfügig vermindert wird, wenn das C/H-Verhältnis erhalten bleibt. Somit wird die Pyrolysegas-Zusammensetzung neben der Temperatur vor allem durch das Verhältnis C/H der Ausgangsstoffe bestimmt. Der spezifische Energieaufwand betrug bei der Propan-Verdüsung 11,8 und bei der Argon-Verdüsung 12,3 kWh/kg Acetylen.

3. Zur Thermodynamik von Hochtemperatursystemen

Für die Chemie im thermischen Plasma sind thermodynamische Gleichgewichtsberechnungen zur Abschätzung von Konzentrationen einzelner Komponenten, allein schon wegen des Temperaturgebietes ihrer bevorzugten Existenz, bedeutungsvoll. Daher wird für die folgenden Berechnungen zunächst vom Plasmastrahl abgesehen und ein System angenommen, das sich vollständig im thermodynamischen Gleichgewicht befindet.

Beim Einbringen z.B. von Methan in ein Wasserstoff- oder Argon-Plasma bilden sich zwischen 2000—6000 K neutrale Spezies wie: H_2, H, CH, CH_2, CH_3, C_2H_2, C_2H_4, C_2H, aber auch C, C_2 und C_3, beim Überschreiten der Sublimationstemperatur ($T_s \approx 3300$ K für $p = 10^5$ Pa) auch fester Kohlenstoff C_s. Nach Zumischung niederer Alkane in ein Stickstoffplasma existieren im C/H/N-Hochtemperatursystem außerdem noch N_2, N, NH, CN, C_2N_2 und C_2N. Zur Berechnung der Simultangleichgewichte von heißen Gasen mit dissoziierenden und rekombinierenden Spezies ist ein nicht-lineares algebraisches Gleichungssystem für die Partialdrucke der n Komponenten zu lösen.

Ist s die Zahl der angenommenen Primärkomponenten (z.B. H, C, N_2; $s = 3$), so setzt sich dieses Systems aus

$(n - s)$ MGW Beziehungen $$p_j = K_{pj} \prod_{i=1}^{s} p_i^{\nu_{ij}},$$

der Druckbilanz $$\sum_{i=1}^{s} p_i + \sum_{i=1}^{n-s} p_j = P \quad (1)$$

und $(s - 1)$ Massenbilanzen $$\frac{p_i + \sum_{j=1}^{n-s} \nu_{ij}\, p_j}{p_1 + \sum_{i=1}^{n-s} \nu_{ij}\, p_j} = \frac{q_i^{(0)}}{q_1^{(0)}} = \text{const.}$$

zusammen.

Die Größen $q_i^{(0)}$ und ν_{ij} stellen Ausgangszahlen der Primärkomponenten bzw. stöchiometrische Koeffizienten dar. Die Konstanten $K_{p_{ij}}$ sind außer von den reduzierten freien Enthalpien der Reaktanten und Produkte abhängig von den Bildungsenergien E_0^0 aller Spezies gemäß:

$$R \ln K_{p_{j,i}} = -\left(\frac{\Delta E_0^0}{T}\right)_{i,j} - \left[\left(\frac{G - H_0^0}{T}\right)_j - \sum_i \left(\frac{G - H_0^0}{T}\right)_i\right] \quad (2)$$

mit $(G - H_0^0)/T_{i,j}$ als den reduzierten freien Enthalpien der Komponenten. Die bei der Berechnung von Gleichgewichten hoher Temperaturen auftretenden Fehler sind in der Mehrzahl der Fälle vor allem auf ungenau bekannte Bildungswärmen E_0^0, insbesondere der radikalischen und ionischen Spezies, dagegen weniger auf fehlende Korrekturen an den Funktionen der freien Enthalpie zurückzuführen. Insbesondere die aus kalorimetrischen oder spektroskopischen Messungen bestimmten Bildungswärmen bedürfen einer kritischen Wertung. In Tab. 4 sind Bildungswärmen E_0^0 kleiner neutraler C/H/N/-Spezies aufgeführt.

Tabelle 4 Bildungswärmen E_0^0 von Verbindungen und Radikalen in C/H/N-Hochtemperatursystemen (in kJ/mol), bezogen auf 0 K

H	N	C	C_2	C_3	CH	CH_2	CH_3	CH_4
216,2	471,4	710,6	821,0	787,7	591,6	276,5	142,0	−67,0
C_2H_2	C_2H_4	C_2H	NH	NH_2	NH_3	CN	C_2N_2	HCN
227,5	60,7	485	340,2	180,2	−39,4	368,7	307,5	128,1
CCN	CNC	NCN	C_3H	C_4H	C_4H_2	CH_2N_2	C_2H_3N	C_3HN
502,8	582,4	419	532,5	645,3	466	196,9	95,9	358,2

Für größere Kohlenwasserstoff-Fragmente werden Inkrementmethoden für die Abschätzung von Bildungswärmen eingesetzt. Berücksichtigt man bei Simultangleichgewichtsberechnungen noch zusätzliche Ionisationen, so ist das Gleichungssystem (1) entsprechend zu erweitern. Für ein Kohlenstoff-Wasserstoff-System sind dabei z.B. die Gleichgewichtskonstanten K_{H^+}, $K_{CH_2^+}$, K_{C^+} nach der korrigierten EGGERT-SAHA-Gleichung zu berechnen:

$$K = \frac{N_I \cdot N_{El}}{N_M} = 2{,}415 \cdot 10^{15}\, T^{5/2} \cdot \frac{2Q_I}{Q_M}. \quad (3)$$

Q_M und Q_I sind die inneren Zustandssummen von Molekül und Molekülion ($Q_{El} = 2$). Die für Berechnungen der Gleichgewichtskonzentrationen von Molekülionen im thermischen Plasma benötigten Bildungswärmen können prinzipiell mit den Methoden der Quantenchemie ermittelt werden. Auf Grund der großen Zahl der zu untersuchenden Spezies sowie des Umstandes, daß ihre Geometrien nur in wenigen Fällen bekannt sind, scheiden ab-initio-Untersuchungen aus. Geeigneter sind semiempirische Methoden, etwa die MINDO-Verfahren, die an experimentellen Daten geeicht wurden und implizit Korrelationsbeiträge berücksichtigen. Erwartungsgemäß sind die Bildungswärmen für die $C_mH_n^+$-Kationen wesentlich größer als für die neutralen Moleküle und Anionen.

Die Gleichgewichtskonzentration der Ionen wird durch Chemiionisation gestört. Bei Gegenwart von C_2H_2 wird z.B. für die Ionenbildung auch der Prozeß $CH^+ + C_2H_2 \rightarrow C_3H_3^+ + e$ verantwortlich gemacht. Nach Berechnungen in [10] für $(C + H_2)$- und $(C + 2H_2)$-Plasmen erreicht der Partialdruck der freien Elektronen erst in der Nähe von 9000 K 1% des Gesamtdruckes, bei 12000 K sind es annähernd 10%.

Thermodynamische Funktionen, wie die in Gl. (2) benötigte Freie Enthalpie, aber auch Molwärmen und Entropien sind für hohe Temperaturen auf kalorimetrischem Wege nur sehr schwierig zu erhalten. An die Stelle experimenteller Daten müssen vielmehr Methoden der statistischen Thermodynamik, also die Berechnung über Zustandssummen auf der Grundlage spektroskopisch erhaltener molekularer Parameter, treten.

Hierbei ist auszugehen vom Modell Starrer Rotator – Harmonischer Oszillator (SR–HO), wonach die Zustanssumme für den n-atomigen quasistarren Kreisel die Form annimmt

$$Q = \left(\frac{2\pi mkT}{h^2}\right)^{3/2} \cdot V \cdot \frac{8\pi^2}{\sigma^*} \cdot \left(\frac{2\pi kTJ_A}{h^2}\right)^{1/2} \cdot \left(\frac{2\pi kTJ_B}{h^2}\right) \cdot$$

$$\times \prod_{l=1}^{3n-6} \left[1 - \exp\left(\frac{-hc\omega_e}{kT}\right)\right]^{-1} \cdot Q_{El}, \qquad (4)$$

mit m als Molekülmasse, V dem pro Molekül zur Verfügung stehenden Volumen, I_A, I_B als den Hauptträgheitsmomenten, σ^* als Rotationssymmetriezahl und ω_e als Wellenzahl der l-ten Normalschwingung. Radikale existieren i.a. nicht im $^1\Sigma$-Grundzustand, vielmehr liegen sie vor in $^2\Sigma$, $^2\Pi$-Zuständen usw. Die statistischen Gewichte g_e dieser Elektronenterme sind gleich ihrer Multiplizität. Höhere Glieder der Elektronenzustandssumme

$$Q_{El} = g_o + g_1\, e^{-\varepsilon 1/kT} + g_2\, e^{-\varepsilon 2/kT} + \ldots$$

erbringen für $\varepsilon_1, \varepsilon_2 \geq 20000\ \mathrm{cm^{-1}}$ bis zu 6000 K keine in diesem Zusammenhang relevanten Beiträge für die thermodynamischen Funktionen von Molekülen und Radikalen. Den Funktionen der Entropie und Freien Enthalpie ist für den Grundzustand daher lediglich ein „Elektronenterm" $R \ln g_0$ hinzuzufügen. Die bei Temperaturen > 1500 K auftretenden Abweichungen vom Modell SR–HO sind insbesondere auf die Anharmonizität der Schwingungen zurückzuführen. Das im thermischen C/H-Plasma bei höheren Temperaturen auftretende C_3-Molekül besitzt z.B. eine sehr niederfrequente Deformationsschwingung $\omega_\delta = 63\ \mathrm{cm^{-1}}$. Bei Berücksichtigung ihre Anharmonizität ergibt sich für $T = 2400$ K eine Entropie von $345{,}7\ \mathrm{JK^{-1} \cdot mol^{-1}}$, während nach dem SR-HO-Modell diese 358,1 beträgt. Damit verglichen sind die Korrekturen auf Grund des nichtstarren Rotators und der Zentrifugalaufweitung von geringerem Ein-

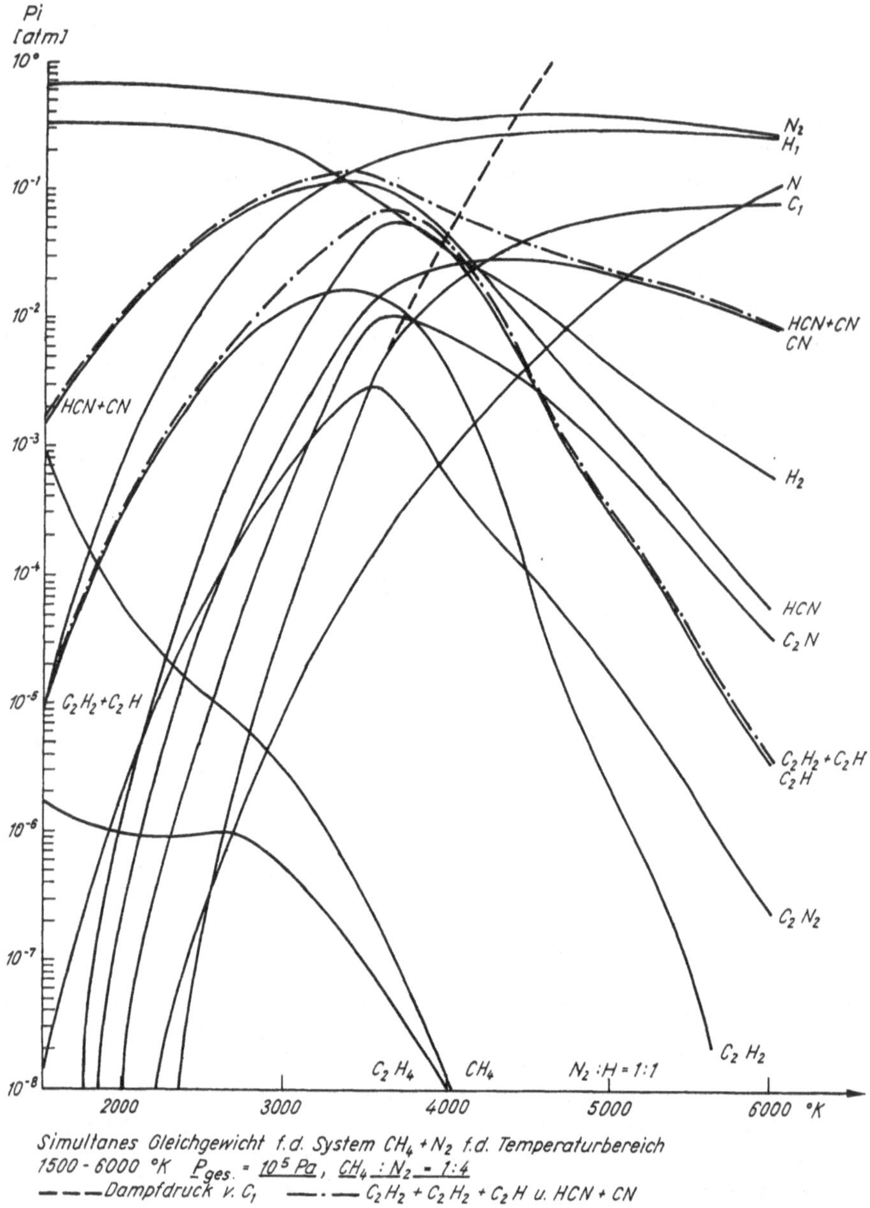

Abb. 1 Simultanes Gleichgewicht für das System $CH_4 + N_2$ für den T-Bereich 1500–6000 K, $P_{ges.} = 10^5$ Pa; $CH_4:N_2 = 1:4$; — — — Dampfdruck von C_1

fluß ($\Delta S = -4{,}65\ J \cdot K^{-1} \cdot mol^{-1}$). Für Hochtemperaturkorrekturen müssen daher vor allem die Anharmonizitäten niederfrequenter Molekülschwingungen berücksichtigt werden. Nach Bereitstellung aller thermodynamischen Daten können die Gleichgewichte gemäß Gl. (1) auf der Grundlage von Iterationsverfahren berechnet werden. Dabei werden für die Partialdrucke der Primärkomponenten geschätzte Anfangswerte vorgegeben und daraus Partialdrucke der Sekundärkomponenten berechnet. Die mehrfach wiederholte Prozedur zeigt eine schnelle Konvergenz, wenn die ersten p_i-Schätzwerte sich nicht über mehrere Größenordnungen ändern. Unterhalb der Sublimationstemperatur des Kohlenstoffs T_s wird in C/H- und C/H/N-Systemen fester Kohlenstoff ausgeschieden. In diesem heterogenen Bereich ist somit die entsprechende Bilanzgleichung nicht mehr erfüllt, der C-Partialdruck wird identisch dem Kohlenstoff-Dampfdruck. In Abb. 1 sind so berechnete Simultangleichgewichte dargestellt. Allerdings besteht ein signifikanter Unterschied zwischen den Partialdrücken der Spezies im homogenen System und bei Berücksichtigung des festen Kohlenstoffs. Für das C_2H_2-Molekül und sein Radikal C_2H liegen deren höchste Partialdrücke für $P = 10^5$ Pa und homogenen Bedingungen bei 3300—3400 K, bei heterogenen Bedingungen dagegen bei 1900—2000 K. Gerade hierdurch wird eine Prozeßoptimierung wesentlich erschwert. Im Experiment können nach dem Abschrecken stabile Produkte auch in höherer Konzentration auftreten als aus den thermodynamischen Berechnungen folgt. Der Grund ist darin zu sehen, daß die im Hochtemperaturgleichgewicht berücksichtigten Radikale, wie C_2H, C_3H, CN und CCN beim Abschrecken z.B. mit H-Atomen rekombinieren und dabei ebenfalls Acetylen und Cyanwasserstoff bilden.

4. Diagnostik am Plasmastrahl

Als Folge der hohen Strömungsgeschwindigkeit des Plasmastrahls werden zeitlich nacheinander ablaufende chemische Vorgänge längs der Strahlachse räumlich auseinandergezogen. Sowohl für kinetische aber auch für praktische Probleme ist der Ort maximaler Bildung einzelner Komponenten von besonderem Interesse, da dort der Quenchvorgang und der Abbruch der Hochtemperaturreaktionen einsetzen muß. Die Diagnostik am Plasmastrahl bedient sich einmal verschiedener optisch-spektroskopischer Methoden als auch des punktweisen Abtastens mittels gekühlter Hohlsonden. In solcher Weise können Verteilungen von Temperatur, Enthalpie, Strömungsgeschwindigkeit und chemischen Konzentrationen axial und radial verfolgt werden.

Wird eine gekühlte Kapillarsonde im Plasmastrahl bewegt, über die Gase angesaug tund mittels Massenspektrometer analysiert werden, so ergibt sich ein Konzentrationsprofil der abgeschreckten Gase $c_i\ (z,\ r)$. Die mit der Sonde gemessenen absoluten Konzentrationen z.B. von HCN und C_2H_2 im methanvermischten Stickstoff-Plasmastrahl, setzen sich zusammen aus einem Anteil der bereits im Hochtemperaturzustand aus thermodynamischen Gründen vorhandenen stabilen Spezies und einem zweiten Anteil, der beim Abschrecken des Gases in der Sonde durch Rekombination bestimmter Radikale (CH, C_2H, CN) entsteht. Es wurde die Enthalpie $H(z)$ bei Ablauf der CH_4-Pyrolyse im Stickstoffplasma bestimmt. Grundlage dieser Messungen war die Einführung einer Miniatursonde in das Plasma, wobei die Enthalpiemessung auf eine Widerstandsänderung des Sondenrohres infolge Erwärmung zurückgeführt wird. Die auf diese Weise längs der Achse des Plasmastrahls gemessene Enthalpie ist in Abb. 2 mit dargestellt. Die Enthalpiewerte setzen sich zusammen aus dem

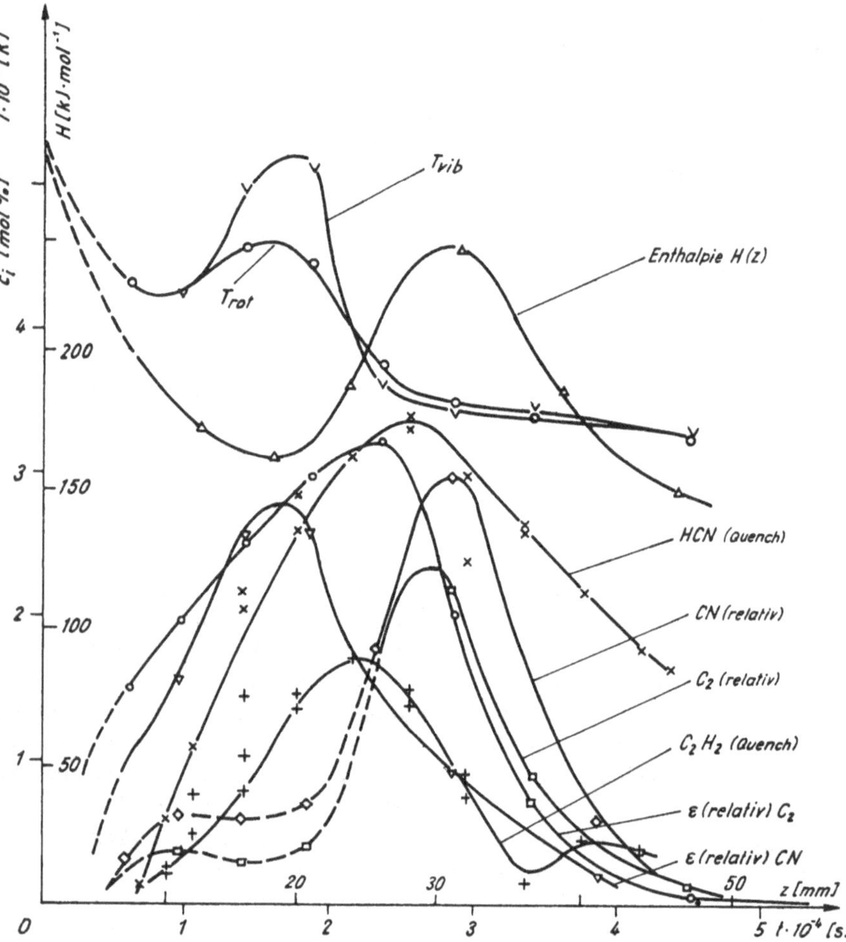

Abb. 2 Axiale Verteilung der C_2-Subtemperaturen T_{vib} und T_{rot} (spektroskopisch bestimmt), Verlauf der Enthalpie und der Quenchkonzentrationen für HCN und C_2H_2 nach Einmischung von 3% Methan in einen Stickstoffplasmastrahl

Wärmeinhalt des angesaugten Gases und der bei der Rekombination von Radikalen und durch Kohlenstoff-Kondensation im Sondenkanal freiwerdenden Wärmemenge.

Wichtige 2-atomige Radikale bei der CH_4-Umsetzung im Plasma sind z.B. C_2, CH und CN. Zur Bestimmung der Temperaturverteilung im kohlenwasserstoffvermischten Wasserstoff- oder Stickstoff-Plasmastrahl eignen sich im Intervall von 2000–6000 K die (0-0) und (1–1)-Banden des 2-atomigen Kohlenstoffs C_2 ($A^3\Pi_g - x^3\Pi_n$) im Gebiet von 5100–4800 Å. Im C/H/N-System ist dieser Bereich kaum durch andere Spektren überlagert. Unter der Voraussetzung, daß innerhalb der einzelnen molekularen Freiheitsgrade eine BOLTZMANN-Energieverteilung existiert, kann der spektroskopischen Bestimmung von Subtemperaturen (T_{rot}, T_{vib}) die relative Volumenstrahldichte zugrunde gelegt werden. Unter Vernachlässigung der Selbstabsorption und der Annahme der Zylindersymmetrie der Emission des reagierenden Plasmastrahls wird durch Inversion der senkrecht zur Strahlrichtung gemessenen Querschnittsverteilung der Linienintensität (Flächenstrahldichte $I\ (x)$) gemäß der ABELschen Integralgleichung die radiale Volumenstrahldichte $\varepsilon(r)$ erhalten:

$$\varepsilon(r) = -\frac{1}{\pi} \int_{Ro}^{r} I(x)\,(x^2 - r^2)^{-1/2}\,\mathrm{d}x \tag{5}$$

Nach Bestimmung der Temperaturverteilung kann anhand der Volumenstrahldichte einer Linie unter Voraussetzung des LTG die relative Konzentrationsverteilung der emittierenden Moleküle berechnet werden. Die Volumenstrahldichte ist der Konzentration proportional und gegeben durch

$$\varepsilon_{mnv'v''J'J''} = \frac{\nu^4 \cdot 16\pi^3}{3c^2 g_m(2j' + 1)} \cdot n_{mv'J'} \cdot a_r p_{v'v''} \tag{6}$$

Mit der inneren molekularen Zustandssumme $Q(T)$ ist

$$n_{mv'J'} = \frac{(2J' + 1)g_m}{Q(T)} \cdot e^{-E_{\mathrm{rot}}+E_{\mathrm{vib}}+E_{El}/kT} \tag{7}$$

Dabei sind $p_{\nu'\nu''}$ die relative Bandenstärke, a_r der HÖNL-LONDON-Faktor, g_m das statistische Gewicht des angeregten Elektronen-Niveaus und ν die Wellenzahl der emittierten Strahlung.

Aus den Gln. (6) und (7) ergibt sich:

$$n_j = \frac{Q(T) \cdot \varepsilon_{mnv'v''J'J''}\, e^{-E_{mv'J'}/kT}}{\nu^4 \mathrm{const}} \tag{8}$$

die relative Konzentration der j-ten Radikalart im Plasma [11], [12]. Die Voraussetzung der Anwendbarkeit von (8) ist die lokale Übereinstimmung der Subtemperaturen. Diese Voraussetzung jedoch ist in einigen Gebieten des chemischen Plasmasystems nicht erfüllt.

5. Reaktionskinetische Verhältnisse

Massenspektrometrisch läßt sich zeigen, daß im Stickstoffplasma bei Temperaturen um 4500 K der Zerfall des zugemischten Methans in weniger als $1 \cdot 10^{-4}$ s erfolgt, denn bei Strahlgeschwindigkeiten um 110 ms^{-1} konnte bereits 8 mm nach dem Zumischpunkt kein Methan mehr nachgewiesen werden. Die optischen Spektren der C_2-, CH- und CN-Radikale werden bereits nach weniger als $1 \cdot 10^{-5}$ s im Plasmastrahl (gemessen am zurückgelegten Weg z) emittiert [14]. Aus den spektroskopischen Untersuchungen (Abb. 3) folgt für t > 0,15 ms die Bildung von C_2, CN und C_2H_2 über bimolekulare Reaktionen.

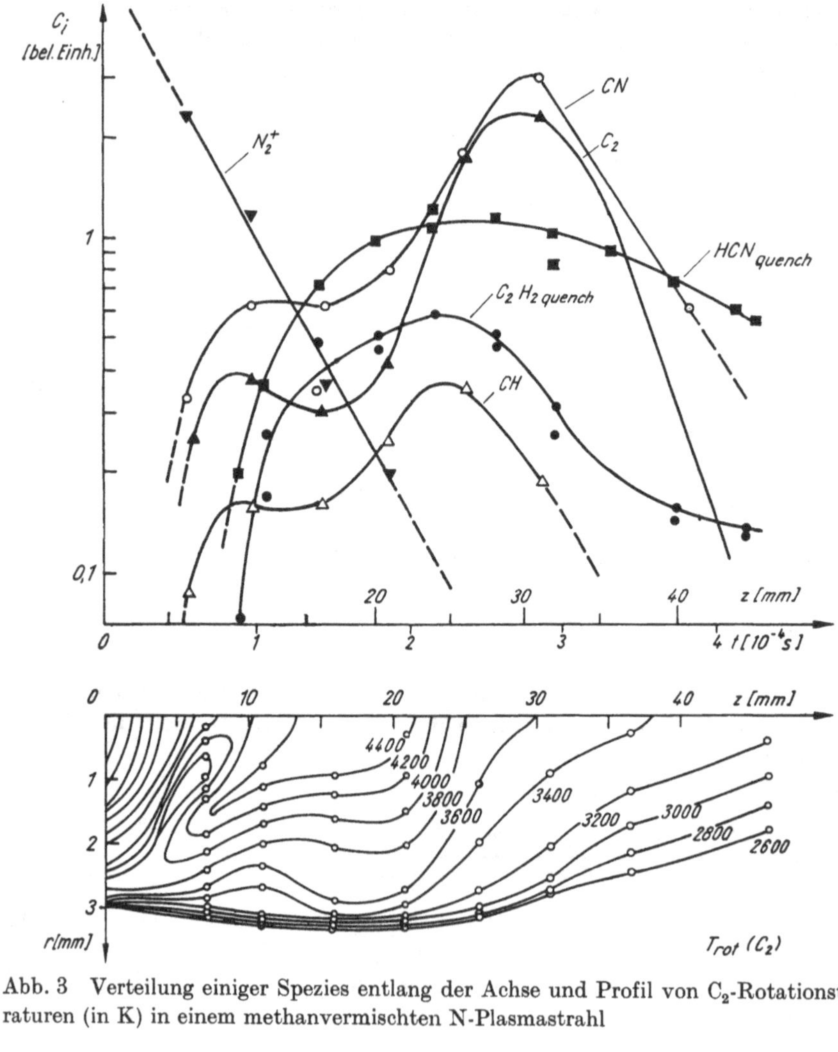

Abb. 3 Verteilung einiger Spezies entlang der Achse und Profil von C_2-Rotationstemperaturen (in K) in einem methanvermischten N-Plasmastrahl

Nach dieser Zeit besteht kein thermodynamisches Gleichgewicht, vielmehr zeigen Rotations- und Schwingungstemperatur erhebliche Abweichungen ($T_{vib} - T_{rot} \approx 600 - 1000$ K).

Trotzdem erkennt man, daß eine Korrelation zwischen dem Verlauf von Temperatur, Enthalpie und den Konzentrationsprofilen besteht, weil z.B. die Radikalbildung einem Minimum der Enthalpie entspricht. Das CH-Maximum bei $2 \cdot 10^{-4}$ s ist den Maxima der Konzentration von C_2H_2 und HCN des abgeschreckten Gases zeitlich vorgelagert. Das CH-Radikal ist daher ein entscheidendes Zwischenprodukt für die Acetylen- als auch Cyanwasserstoff-Bildung im Verlaufe der Pyrolyse. Für noch längere Zeiten ist dann wieder eine Übereinstimmung der Subtemperaturen vorhanden [12]. Der gesamte Prozeß der Methanpyrolyse und der Neubildung molekularer Spezies läuft bei diesen Temperaturen in Zeiten von weniger als 1 ms ab.

Während die vorstehenden Ausführungen sich auf Verteilungen längs der Strahlachse beziehen, sind radiale Konzentrations- und Temperaturprofile abhängig von der Art der CH_4-Zumischung in das Grundplasma. Für den Fall der konzentrischen Zumischung des Kohlenwasserstoffs von außen zeigen sich im ersten Teil der Plasmaflamme die Konzentrationsmaxima von C_2H_2, C_2 und HCN am Strahlrand. Diese verlagern sich dann mit wachsendem Abstand von der Zumischebene zur Strahlachse hin.

Wird Methan dagegen in die Mitte des Plasmastrahls eingebracht, so zeigen sich die C_2H_2- und C_2-Maxima, z.B. in einem Argon-Plasmastrahl, auf dessen Achse.

Nach Bildung des Methin-Radikals sind folgende bimolekulare Reaktionen wahrscheinlich:

$$CH + H \rightarrow C + H_2; \qquad C_2H + H \rightarrow C_2H_2;$$
$$CH + C \rightarrow C_2H; \qquad CH + N \rightarrow HCN;$$
$$CH + C \rightarrow C_2 + H; \qquad CH + N \rightarrow CN + H;$$
$$CH + CH \rightarrow C_2H_2; \qquad CH + CN \rightarrow HCN + C.$$

Hier ist jeweils ein dritter Partner W zur Aufnahme des exoenergetischen Transfers notwendig.

Die Bildung von Blausäure im Methan-Stickstoff-Plasma kann sowohl über N-Atome und CH-Radikale erfolgen als auch über schwingungsangeregten molekularen Stickstoff, gemäß:

$$N_2^* + CH \rightarrow (N_2 \ldots CH)^*; \qquad (N_2 \ldots CH)^* + CH \rightarrow 2HCN;$$

letzterer Vorgang ist sogar wahrscheinlicher, da bei 5000 K und Normaldruck N_2 nur zu 0,5% dissoziirt ist [19].

Neben der Gewinnung der $k(T)$-Reaktionsgeschwindigkeitskonstanten $k(T) = Ae^{-E_a/kT}$ von Gasreaktionen der Kohlenwasserstoff-Spezies, z.B. aus Stoßrohr-Experimenten, ist es naheliegend, solche Parameter am Plasmastrahl selbst zu bestimmen. Sind c_0 und c Konzentrationen des Stoffes j am Anfang

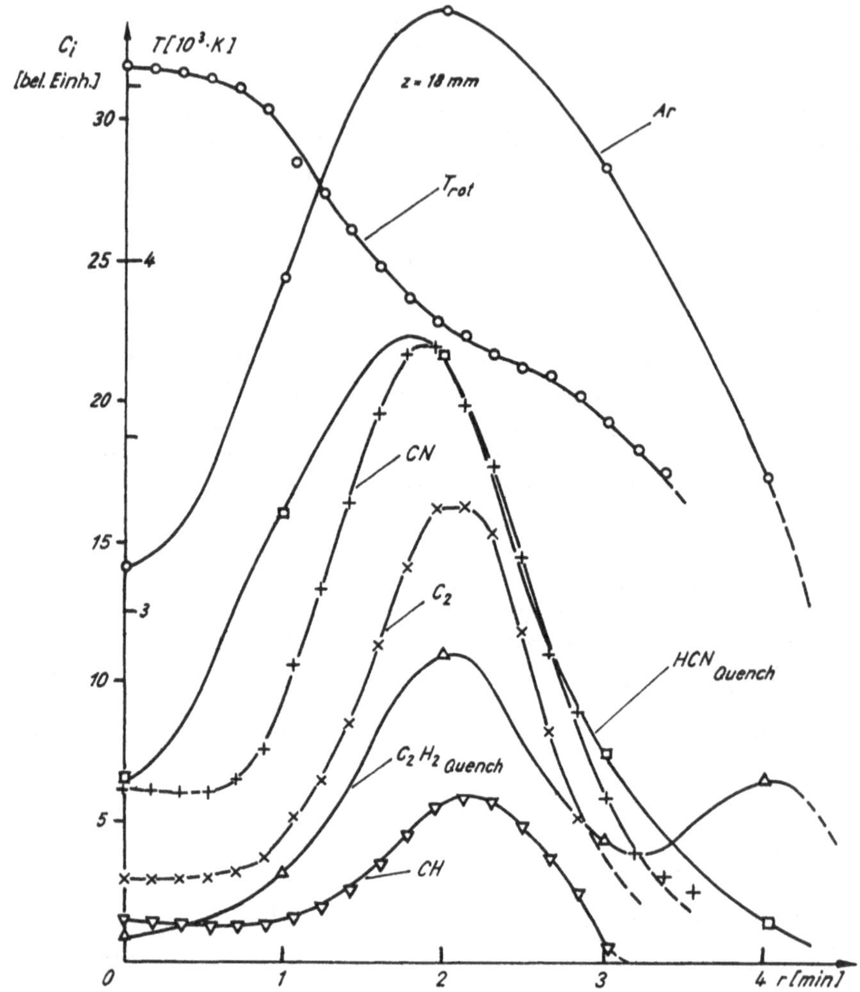

Abb. 4 Radiale Verteilungen von T_{rot}, C_2 (relativ), C_2H_2 und HCN

und Ende des Zeitintervalls $\Delta\tau$, so gilt bei Annahme einer Reaktion zweiter Ordnung, $k^{II} = \frac{1}{\Delta\tau}\left(\frac{1}{c} - \frac{1}{c_0}\right)$; $\Delta\tau$ folgt aus der Geschwindigkeit $v(z)$, mit der ein Volumenelement des Gasstrahls den Weg $\Delta z = z - z_0$ zurücklegt, $\Delta\tau = \int\limits_{z0}^{z} \frac{dz}{v(z)}$.

Die Strahlgeschwindigkeit kann z. B. durch Einbringen von Al_2O_3-Partikeln in den Gasstrahl und Beobachtung ihrer Leuchtspuren mit einer Drehspiegelanordnung bestimmt werden [5]. Für die nach einer zweiten Ordnung angenommene Zersetzung von Blausäure und Acetylen erhält man so im Bereich 3500 K$<T<$4500 K, die k-Werte [11]:

HCN-Zerfall:

$$\log k_4 = 12{,}301 - \frac{7430}{T}\ (E_a = 142 \text{ kJ mol}^{-1}) \tag{9}$$

C_2H_2-Zerfall:

$$\log k_2 = 13{,}602 - \frac{11582}{T}\ (E_a = 226 \text{ kJ mol}^{-1}) \tag{10}$$

Das Brutto-Reaktionsgeschehen im Plasmastrahl kann modelliert werden durch eine kombinierte Anwendung von Reaktionskinetik, Thermodynamik und Erhaltungssätzen der Mechanik. Im folgenden werden Verteilungen der wichtigsten stabilen Spezies in einem CH_4/N_2-System längs des als linear angenommenen Plasmastrahls mathematisch beschrieben, wobei Transporteffekte wie Wärmeleitung, Stoffdiffusion und Viskosität vernachlässigt sind.

In das Differentialgleichungssystem, das bezüglich $v(z)$, $T(z)$ und $c(z)$ gelöst werden soll, müssen neben den Erhaltungssätzen von Masse und Energie die dynamische Grundgleichung des Strahls

$$v \cdot \frac{dv}{dz} + \frac{d\varrho}{dz} = 0 \tag{11}$$

(ϱ und P entsprechen Dichte und Totaldruck)
und die Gleichungen der chemischen Kinetik

$$\frac{d}{dz}(c_i v) = W_i;\ w_i = \frac{dc_i}{dt} \tag{12}$$

(c_i = Molkonzentration) Eingang finden.

Bei Einführung der dimensionslosen Variablen $\tilde{c}_i$ (Massenbruch) für die Konzentrationen ergeben sich aus den Erhaltungssätzen die Beziehungen [3, 4]:

$$M\frac{d\tilde{c}}{dz} = m_i W_i; \qquad \tilde{c} = \frac{c_i m_i}{\sum_i c_i m_i}$$

$$v^2 + RT\sum_i \frac{\tilde{c}_i}{m_i} = \frac{K_1}{M}\cdot v \tag{13}$$

$$\sum \tilde{c}_i H_i + \frac{v^2}{2} = \frac{K_2}{M}; \qquad v_0 = \frac{MRT}{p\sum_i \tilde{c}_i m_i}.$$

mit M als Durchsatzmenge in g cm^{-2}s^{-1}.

Es bedeuten m_i die Molmasse der i-ten Komponente und v_0 die Geschwindigkeit des Plasmastrahls bei $z = 0$ (Einmischung des Reaktanten in das Grundplasma). H_i ist die Summe von Bildungsenthalpie und thermischer Enthalpie der i-ten Komponente pro Masseneinheit (die thermische Enthalpie wird am besten in Form einer Potenzreihe, s. Gln. 14, dargestellt). Die Konstanten K_1 und $\frac{K_2}{M}$ können aus den Anfangsbedingungen für $z = 0$ und $t = 0$ festgelegt werden.

Für $z = 0$, $t = 0$ ist $v = v_0$, $T = T_0$, $c_i = c_{i0}$.

Im weiteren muß die Summe der Konzentrationen die Bedingung $\Sigma \tilde{c}_i = 1$ erfüllen.

Für die Gradienten der Konzentrationen der wichtigsten stabilen Stoffe des C/H/N-Systems wie CH_4, C_2H_2, C, H_2, N_2 und HCN sowie für den Temperaturgradienten dT/dz und die Plasmastrahlgeschwindigkeit $v(z)$ ergibt sich folgendes System von Differentialgleichungen

$$CH_4;\ \frac{d\tilde{c}_1}{dz} = \frac{M}{v^2(z)}\left[-\frac{2}{m_1}k_1(T)\tilde{c}_1{}^2(z) - \frac{1}{m_5}k_3(T)\tilde{c}_1(z)\cdot\tilde{c}_5(z)\right]$$

$$C_2H_2;\ \frac{d\tilde{c}_2}{dz} = \frac{M}{v^2(z)}\left[\frac{m_2}{m_1^2}k_1(T)\cdot\tilde{c}_1^2(z) - \frac{1}{m_2}k_2(T)\tilde{c}_2^2(z)\right]$$

$$C;\ \frac{d\tilde{c}_3}{dz} = \frac{M}{v^2(z)}\left[\frac{2m_3}{m_2^2}k_2(T)\tilde{c}_2^2(z) + \frac{m_3}{m_6^2}k_4(T)\tilde{c}_6(z)\right]$$

$$H_2;\ \frac{d\tilde{c}_4}{dz} = \frac{M}{v^2(z)}\left[\frac{3m_4}{m_1^2}k_1(T)\tilde{c}_1^2(z) + \frac{3}{2}\frac{m_4}{m_1m_5}k_3(T)\tilde{c}_1(z)\cdot\tilde{c}_5(z)\right.$$
$$\left. + \frac{m_4}{m_2^2}k_2(T)\tilde{c}_2^2(z) + \frac{1}{2}\frac{m_4}{m_6}k_4(T)\tilde{c}_6^2(z)\right]$$

$$N_2;\ \frac{d\tilde{c}_5}{dz} = \frac{M}{v^2(z)}\left[-\frac{1}{2m_1}k_3(T)\tilde{c}_1(z)\cdot\tilde{c}_5(z) + \frac{1}{2}\frac{m_5}{m_6^2}k_4(T)\cdot\tilde{c}_6^2(z)\right]$$

$$HCN;\ \frac{d\tilde{c}_6}{dz} = \frac{M}{v^2(z)}\left[\frac{m_6}{m_1m_5}k_3(T)\tilde{c}_1(z)\cdot\tilde{c}_5(z) - \frac{1}{m_6}k_4(T)\tilde{c}_6^2(z)\right]$$

$$\frac{dT(z)}{dz} = -\frac{\left(\frac{K_1}{M} - 2v\right)\sum\limits_{i=1}^{6}\tilde{c}_i'\left[\sum\limits_{l=-1}^{8}h_{il}T^l + h_i^0\right] + vRT\sum\limits_{i=1}^{6}\tilde{c}_i'/m_i}{\left(\frac{K_1}{M} - 2v\right)\sum\limits_{i=1}^{6}\sum\limits_{l=-1}^{8}\tilde{c}_i'h_{il}\cdot lT + Rv\sum\limits_{i=1}^{6}\tilde{c}_i/m_i}$$

$$v(z) = \frac{K_1}{2M} - \sqrt{\left(\frac{K_1}{2M}\right)^2 - RT\sum_{i=1}^{6}\tilde{c}_i/m_i} \qquad (14)$$

Die benötigten Geschwindigkeitskonstanten $k_1(T) \ldots k_4(T)$ gelten für Reaktionen 2. Ordnung gemäß:

$$CH_4 + CH_4 \xrightarrow{k_1} C_2H_2 + 3H_2; \quad k_1 = 6 \cdot 10^{12} \exp(-210/RT);$$

$$CH_4 + \frac{2}{1} N_2 \xrightarrow{k_2} HCN + \frac{3}{2} H_2; \quad k_3 = 4 \cdot 10^{10} \exp(-96/RT);$$

$$C_2H_2 + W \xrightarrow{k_3} 2C + H_2 + W; \quad k_2 = 4 \cdot 10^{13} \exp(226/RT);$$

$$HCN + W \xrightarrow{k_4} C + \frac{1}{2} H + 12\,N_2; \quad k_4 = 2 \cdot 10^{12} \exp(-142/RT)$$

(Aktivierungsenergien in $kJ \cdot mol^{-1}$, k in $cm^3mol^{-1}s^{-1}$). Die numerischen Werte für k stammen aus [4], bzw. den Untersuchungen am Plasmastrahl selbst [4, 15, 16, 17, 18, 19]

Das Gleichungssystem (14) kann mit der Runge-Kutta-Methode bei selbsttätiger Schrittauswahl gelöst werden. Die erhaltenen Verläufe von Strahlgeschwindigkeit, Temperatur und Stoffkonzentrationen sind in Abb. 5 zusammengestellt.

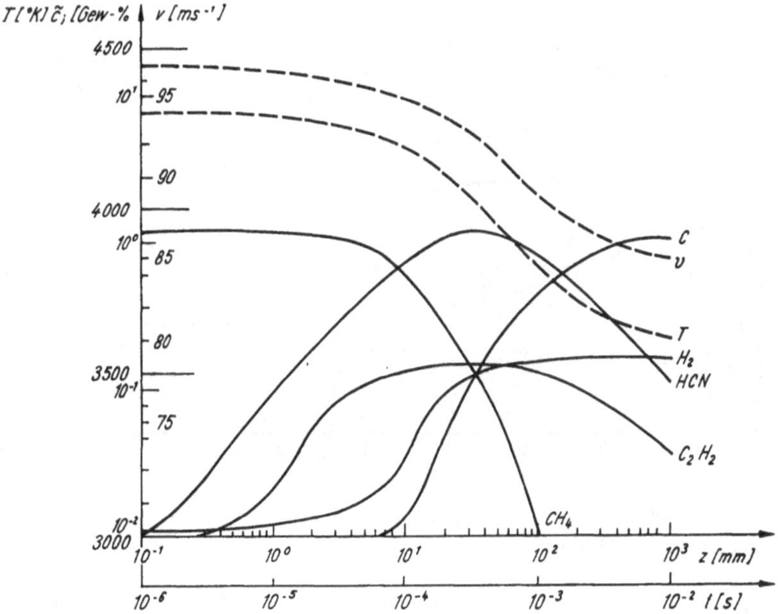

Abb. 5 Berechnete Verläufe von v, T und c_i gemäß Gln. (14) für ein System N_2: Ar: CH_4 = 20:10:1

Die Konzentrationen des Acetylens und der Blausäure durchlaufen also Maxima, die von der Anfangskonzentration des CH_4 und der Temperatur abhängig sind. In Abb. 6 sind die berechneten Konzentrationsverläufe solchen aus experimentellen Untersuchungen gegenübergestellt. Wie ersichtlich, werden Lage und Höhe der Maxima gut wiedergegeben, während die berechneten Konzentrationen für große z-Abstände gegenüber dem Experiment langsamer abfallen. Rechnung getragen werden müßte noch der H_2-Dissoziation und den Konzentrationsgradienten senkrecht zur Strahlrichtung.

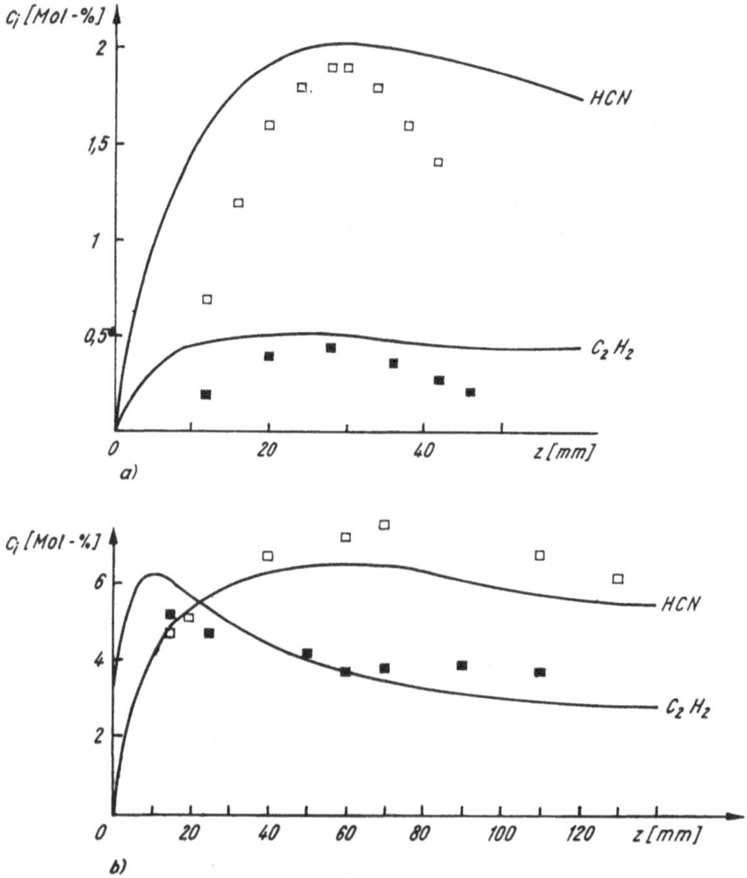

Abb. 6 Berechnete und gemessene C_2H_2- und HCN-Konzentrationen (axial); a) 3,5 kW-Plasmatron; b) 20-kW-Plasmatron

Der Umwandlungsvorgang des Methans im Plasma ergibt nach den Befunden mit der Quenchsonde die zeitliche Reihenfolge Äthan, Äthylen, Acetylen, Ruß. Acetylen ist also eine Zwischenstufe im kinetischen Ablauf der Hochtemperaturpyrolyse von Methan. Daher besteht eine grundsätzliche Frage darin, nach welcher Zeit der Pyrolysevorgang mittels Quench abgebrochen werden muß, damit eine maximale C_2H_2-Konzentration erreicht wird (optimale Verweilzeit). Bei der Pyrolyse von Methan im Wasserstoff- oder Edelgas-Plasmastrahl ($T \geq 3\,000$ K) wird für zu kurze Zeiten ($< 10^{-4}$ s) zu wenig Methan umgesetzt, bei zu langer Verweilzeit zerfällt ein erheblicher Teil des gerade gebildeten Acetylens in die Elemente.

Zur experimentellen Verfolgung des Zusammenhanges zwischen Verweilzeit, Temperatur und Konzentration wurde z.B. ein chemisches Stoßwellenrohr eingesetzt [13]. Für das System CH_4/Ar wurde gefunden, daß durch eine Variation der Zeitdauer Δt, während der das chemische System sich in einem aufgeheizten Zustand befindet ($1\,500\ \mathrm{K} < T < 3\,200\ \mathrm{K}$; $0{,}2\ \mathrm{ms} < t < 5\ \mathrm{ms}$), die Konzentration der Pyrolyseprodukte stark verändert wird. Gemäß Abb. 7 durchläuft die C_2H_2-Konzentration ein Maximum, das sich mit steigender Temperatur nach kürzeren Zeiten verschiebt. Auch hier wird wie beim Plasmastrahl gefunden, daß bei konstanter Temperatur die Bildung der Reaktionsprodukte in Richtung zunehmender Verweilzeit in der Reihenfolge Äthan, Äthylen, Acetylen stattfindet. Für noch längere Zeiten (> 5 ms) werden bei Reaktionstemperaturen um 3200 K als stabile Produkte ebenfalls nur noch Wasserstoff und Ruß nachgewiesen. Aus diesem Sachverhalt können Aufschlüsse über den Mechanismus des Prozesses Methan $\rightarrow$ Acetylen gewonnen werden. Die Formalkinetik der Wandlung $CH_4 \xrightarrow{k\alpha} C_2H_2 \xrightarrow{k\beta}$ (C, H) bezüglich der optimalen Verweilzeit ist in [20] untersucht worden. Behandelt man diese Kette als konsekutive kinetische Folge, so ist t_{opt} nur eine Funktion von k_α und k_β und damit der Pyrolysetemperatur, hängt aber nicht von der Anfangskonzentration des Methans ab, wenn es sich um Teilreaktionen 1. Ordnung handelt,

$$t_{\mathrm{opt}} = \frac{\ln\,(k_\alpha^I/k_\beta^I)}{k_\alpha^I - k_\beta^I} \tag{16}$$

Es wurde jedoch gezeigt, daß bei Temperaturen $T \geq 3\,000$ K die optimale Zeit auch abhängt von der anfänglichen Methankonzentration und daß dann die $CH_4 \rightarrow C_2H_2$-Wandlung auf der Grundlage einer Bruttoreaktion 2. Ordnung modelliert werden kann. Auch andere Arbeiten weisen für $T > 2\,500$ K auf den Prozeß 2. Ordnung hin (s. [13]). Wird daher die Umwandlung als Folge konsekutiver Prozesse 2. Ordnung aufgefaßt, so folgt aus den kinetischen Gleichungen:

$$\frac{d[CH_4]}{dt} = -\,k_\alpha^{II}[CH_4]^2$$

$$\frac{d[C_2H_2]}{dt} = \frac{1}{2}\,k_\alpha^{II}[CH_4]^2 - k_\beta^{II}[C_2H_2]^2 \tag{17}$$

mit den Anfangsbestimmungen: $t = 0$, $[CH_4] = [CH_4]_0$, $[C_2H_2] = 0$

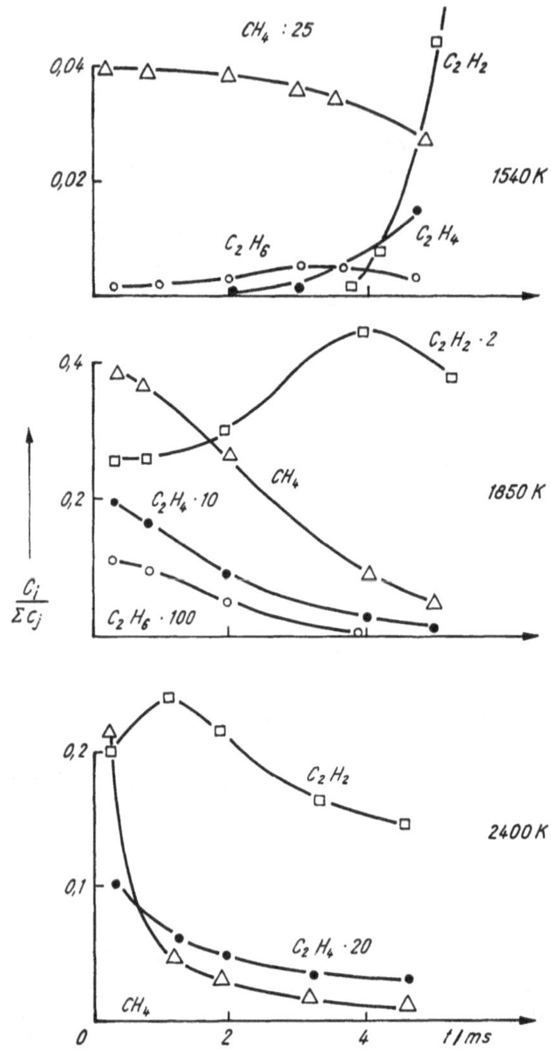

Abb. 7 Stoßrohruntersuchungen der Pyrolyse von Methan. Zusammenhang von Temperatur und optimaler Verweilzeit für die Bildung von Acetylen

und

$$\lambda = \frac{2k_\beta^{II}(T)}{k_\alpha^{II}(T)}$$

eine optimale Verweilzeit:

$$t_{\text{opt}} = \frac{1}{k_\alpha^{II}[CH_4]_0} \cdot \left[-1 + \left(\frac{1+\sqrt{\lambda}+\sqrt{1+\lambda}}{1+\sqrt{\lambda}-\sqrt{1+\lambda}}\right)^{\frac{1}{\sqrt{1+\lambda}}}\right]. \tag{18}$$

Diese optimale Zeit ist damit außer von der Temperatur umgekehrt proportional abhängig von der Anfangskonzentration des Methans. Je höher diese ist, um so eher erreicht das Acetylen sein Konzentrationsmaximum. Der Vergleich berechneter und gemessener t_{opt}-Werte ergibt für hohe Temperaturen gute Übereinstimmung, für $T < 2400$ K sind die theoretisch erhaltenen Zeiten jedoch zu lang. Daraus folgt, daß im Bereich $1500\ \text{K} < T < 3000\ \text{K}$ eine Änderung der Bruttoreaktionsordnung stattfindet.

Für ein tieferes Verständnis des Vorganges wurde daher der Pyrolyse ein Modell zugrunde gelegt, das einzelne Elementarschritte als Radikalreaktionen enthält [13].

Dieses Modell muß dem, sowohl am Plasmastrahl bemerkten, als durch die Stoßrohrexperimente bestätigten Sachverhalt der zeitlichen Aufeinanderfolge von Äthan, Äthylen, Acetylen und Ruß gerecht werden. Es wird angenommen, daß die genannten C_2-Kohlenwasserstoffe so gebildet werden, daß CH_4 in einer konsekutiven Folge 1. Ordnung über CH_3, CH_2 bis zu CH und C, H dehydriert wird. Als Prototyp für die folgende Rekombination wird der Prozeß 2. Ordnung $CH_n + CH_n \rightarrow C_2H_{2n}$ zugrunde gelegt, obwohl die Bildung von C_2H_4 und C_2H_2 auch über andere Radikalvereinigungen erfolgen kann. So ist folgendes Schema anzunehmen:

$$\begin{array}{ccccccccc}
CH_4 & \xrightarrow{k_1'} & CH_3 & \xrightarrow{k_2'} & CH_2 & \xrightarrow{k_3'} & CH & \xrightarrow{k_4'} & C, H \\
 & & + & & + & & + & & \\
CH_4 & \longrightarrow & CH_3 & \longrightarrow & CH_2 & \longrightarrow & CH & \longrightarrow & C, H \\
 & & \downarrow k_7' & & \downarrow k_6' & & \downarrow k_5' & & \\
 & & C_2H_6 & & C_2H_4 & & C_2H_2 & \xrightarrow{k_8'} & C, H
\end{array} \tag{19}$$

Geschwindigkeitskonstanten $k_1' \ldots k_7'$ für die Berechnung von (19) sind in [15–19] aufgeführt.

Gemäß den spektroskopischen Befunden ist das CH-Radikal ein entscheidendes Zwischenprodukt bei der C_2H_2-Bildung.

Für die Umsetzung des Methin-Radikals kommen vor allem folgende Reaktionen in Betracht:

a) $CH + CH \rightarrow C_2H_2;\qquad \Delta H_0^0 = -955{,}7\ \text{kJ} \cdot \text{mol}^{-1}$

b) $CH + CH \rightarrow C + CH_2;\qquad \Delta H_0^0 = -196{,}1\ \text{kJ} \cdot \text{mol}^{-1}$

c) $CH + C \rightarrow C_2 + H;\qquad \Delta H_0^0 = -264{,}8\ \text{kJ} \cdot \text{mol}^{-1}$.

Thermodynamisch kann jedoch gezeigt werden, daß für $1500 < T < 2500$ K Reaktion a) bevorzugt ist, für $T < 3000$ K werden die Wahrscheinlichkeiten für den Ablauf der drei Reaktionen annähernd gleich.

Die Konzentration des CH-Radikals zur Zeit t nach der Einmischung von CH_4 ergibt sich gemäß Schema (19) zu

$$[CH] = [CH_4]_0\, k_1' k_2' k_3' \left\{ \frac{1}{(k_2' - k_1')(k_3' - k_1')(k_4' - k_1)} \times [\exp(-k_1' t) - \exp(-k_4' t)] - \frac{1}{(k_2' - k_1')(k_3' - k_2')(k_4' - k_3')} \times [\exp(-k_2' t) - \exp(-k_4' t)] + \frac{1}{(k_3' - k_1')(k_3' - k_2')(k_4' - k_3')} \times [\exp(-k_3' t) - \exp(-k_4' t)] \right\}. \qquad (20)$$

Wird für die Rekombination der CH-Radikale nur die Reaktion a) zugelassen, so folgt für die Konzentration des entstehenden Acetylens

$$[C_2H_2] = \frac{1}{2} k_5' \, [CH]_{max}^2 \cdot \frac{t^*}{1 + k_5' \, [CH]_{max}\, t^*} \qquad (21)$$

wobei der Nullpunkt der Zeitskala identisch ist mit dem Auftreten von $[CH]_{max}$.

Die optimale Verweilzeit für die Bildung des Acetylens setzt sich nach Schema (19) aus zwei Anteilen zusammen:

$$t_{opt}(C_2H_2) = t_{opt}^{I}(CH_4 \rightarrow CH) + t_{opt}^{II}(CH + CH). \qquad (22)$$

In Tab. 5 sind für unterschiedliche Temperaturen optimale Verweilzeiten aufgeführt. Die Bildung von CH aus CH_4 wird dabei als Folge von Reaktionen 1. Ordnung, die Rekombination der Radikale als Reaktion 2. Ordnung aufgefaßt, die dazugehörige Zeit t_{opt} ist konzentrationsabhängig. Die Werte zeigen, daß der Bruttoprozeß bei mäßig hohen Temperaturen (1500 K – 2000 K) als eine Reaktion 1. Ordnung zu beschreiben ist, daß für $T > 2000$ K die Pyrolyse aber als eine Bruttoreaktion 2. Ordnung verläuft, weil der unimolekulare Radikalbildungsprozeß gegenüber der Rekombination sehr schnell verläuft. Die Ordnung der Bruttoreaktion wird also bestimmt durch das Verhältnis der Zeiten für die Radikalbildung und die Radikalrekombination. Dort, wo

Tabelle 5 Berechnete Verweilzeiten für die Methan-Acetylen-Wandlung
$t_{opt}(C_2H_2) = t^{I}_{opt}(CH_4 \rightarrow CH) + t^{II}_{opt}(CH + CH)$

T K	$(n_0)_{CH_4}$ Vol %	$t_{opt}(CH_4 \rightarrow CH)$ s	$t_{opt}(C_2H_2)$ s	Reaktionsordnung
1540	1,5	$1,7 \cdot 10^{-1}$	$1,7 \cdot 10^{-1}$	1.
	33		$1,7 \cdot 10^{-1}$	1.
1850	1,5	$1,7 \cdot 10^{-3}$	$5 \cdot 10^{-3}$	1. + 2.
	33		$1,8 \cdot 10^{-3}$	1.
2000	1,5	$2,6 \cdot 10^{-4}$	$3,1 \cdot 10^{-3}$	1. + 2.
	33		$3,9 \cdot 10^{-4}$	1. + 2.
2200	1,5	$3,5 \cdot 10^{-}$	$2,6 \cdot 10^{-3}$	2.
	33		$1,6 \cdot 10^{-4}$	1. + 2.
2500	1,5	$3,2 \cdot 10^{-}$	$2,6 \cdot 10^{-3}$	2.
	33		$1,2 \cdot 10^{-4}$	2.
3000	1,5	$1,9 \cdot 10^{-7}$	$3,1 \cdot 10^{-3}$	2.
	33		$1,4 \cdot 10^{-4}$	2.

diese Zeiten in derselben Größenordnung sind, ist eine eindeutige Angabe der kinetischen Ordnung nicht möglich. Für eine weitergehende Behandlung muß auch dem C_2H_2-Zerfall Rechnung getragen werden.

Die in Tab. 5 berechneten Verweilzeiten sind auf einen Gesamtdruck von $P = 10^5$ Pa bezogen. Bei einem Übergang zur 2. Ordnung wird mit zunehmender Temperatur $t_{opt}(C_2H_2)$ immer mehr vom Partial- und vom Gesamtdruck beeinflußt. Aus diesen Berechnungen folgt, daß der von KASSEL diskutierte Mechanismus $CH_4 \rightarrow (CH_3) \rightarrow (C_2H_6) \rightarrow (C_2H_4) \rightarrow (C_2H_2) \rightarrow$ C, H, wonach sich Acetylen durch Dehydrierung von Äthan und Äthylen bildet, für das Hochtemperaturgebiet sicher nicht zutreffend ist. Die zeitliche Folge C_2H_6, C_2H_4, C_2H_2 während der Pyrolyse ist vielmehr auf der Grundlage von Radikalprozessen zu verstehen.

6. Bildung und Eigenschaften von Pyrolyseruß

Bei der Hochtemperaturpyrolyse entstehen neben den gesuchten ungesättigten Kohlenwasserstoffen Niederschläge aus Ruß, die einen nicht zu vernachlässigenden Teil des elementaren Kohlenstoffs aus dem weiteren chemischen Prozeß ausscheiden lassen. Die folgenden Betrachtungen beschränken sich auf Ruße aus Pyrolyseprozessen und nur gelegentlich auf solche aus Verbrennungsvorgängen von Diffusions- oder vorgemischten Flammen. Diese Pyrolyseruße haben eine Reihe besonderer Eigenschaften, die sie industriell sehr begehrt sein lassen (z. B. als Batterieruße). Ihre industrielle Erzeugung geschieht z. B. so, daß Calziumcarbid gebildet wird, das daraus gewonnene Acetylen in einem autothermen Prozeß bei 2200 °C in die Elemente zersetzt wird, wobei die freigesetzte Wärme verlorengeht. Obwohl ein solcher Prozeß seit den 30er Jahren betrieben wird, ist jedoch festzustellen, daß die zugehörige Forschung sich in erster Linie mit Applikationsfragen, z.B. Gritbildung an der Kammerwand der Reaktoren, Rußverdichtung u.ä. beschäftigt hat. Dabei weiß man, daß die Eigenschaften des Rußes, seine Zusammensetzung, Oberfläche, Adsorptivität usw. wesentlich bestimmt werden durch die physikalisch-chemischen Verhältnisse im Regime seiner Entstehung. Eine wichtige Unterscheidung ist, ob der Kohlenstoff gebildet wird in einer homogenen Gasatmosphäre oder auf Festkörperoberflächen in der Nähe der Reaktionszone niedergeschlagen wird.

Nach dem Einbringen z.B. niederer Alkane in einen Wasserstoffplasmastrahl bilden sich neben Wasserstoff und Acetylen als Nebenprodukte aber auch Diacetylen, Acetylensubstituierte und Ruß (s. Tab. 1). Der Anteil an schweren Acetylenen nimmt mit wachsendem Abstand des Quenchortes zum Zumischpunkt der Alkane zu. Nach den thermodynamischen Gleichgewichtsberechnungen existiert für $T > 3000$ K das Radikal C_2H in Konzentrationen, die denen des Acetylens vergleichbar sind. Für die Bildung höherer Acetylene und Acetylenderivate, wie Diacetylen, Methylacetylen, Monovinylacetylen, die i.a. nur in kleinen Konzentrationen auftreten, kann in erster Linie das im Hochtemperatursystem vorhandene C_2H-Radikal entsprechend der bei der Temperatursenkung auftretenden Rekombination $C_2H + R + (M) \rightarrow HC \equiv CR + (M)$ verantwortlich gemacht werden [14]. Interessant sind daher Radiaklrekombinationen der Art:

$$C_2H + H \rightarrow C_2H_2; \qquad H_0^0 = -474{,}7\ \text{kJ} \cdot \text{mol}^{-1}$$

$$C_2H + C_2H \rightarrow C_4H_2 \qquad H_0^0 = -505{,}7\ \text{kJ} \cdot \text{mol}^{-1}$$

$$C_2H + CH_3 \rightarrow C_3H_4 \qquad H_0^0 = -435{,}3\ \text{kJ} \cdot \text{mol}^{-1}$$

$$C_2H + C_2H_3 \rightarrow C_4H_4; \qquad H_0^0 = -450{,}8\ \text{kJ} \cdot \text{mol}^{-1}.$$

In C/H-Plasmen entsteht das C_2H-Radikal vor allem über das C_2-Molekül gemäß $C_2 + H_2 \rightarrow C_2H + H$. Während die C_2H-Normalschwingungen ν_1 und ν_3 zu 1848 und 3412 cm^{-1} aus IR-Untersuchungen von matrixisolierten Radikalen bekannt sind [21], kann ν_2 nur geschätzt werden ($\nu_2 \approx 650\ \text{cm}^{-1}$). Die Geometrie des C_2H-Radikals konnte aus Rotationskonstanten von astrospektroskopischen Beobachtungen erschlossen werden. C_2H ist linear, $d(C{\equiv}C) = 1{,}224$ Å und $d(CH) = 1{,}014$ Å. Die Bildungswärme kann zu $E_0^0(C_2H) = 486\ \text{kJ} \cdot \text{mol}^{-1}$ geschätzt werden. Über Reaktionen des C_2H-Radikals bei niederen Drücken und $T = 320$ K mit H_2, O_2 und C_2H_2 wurde in [22] berichtet. Danach führten Reaktionen mit Acetylen ebenfalls zu Diacetylen gemäß:

$$C_2H + C_2H_2 \rightarrow C_4H_3 \rightarrow C_4H_2 + H.$$

Erfahrungsgemäß haben Radikal-Radikal-Rekombinationen eine sehr niedrige Aktivierungsenergie ($E_a \approx 0$). Daraus folgt für die Arrheniusgleichung $k \approx A$.

Der Präexponentialfaktor A kann aber aus den Zustandssummen der Radikale auf der Basis der gemessenen und geschätzten Werte für die Geometrie und die Wellenzahlen der Normalschwingungen berechnet werden. Die bimolekularen k-Werte der Prozesse $R + R' \rightarrow C_nH_m$ sind in [14] bestimmt worden. Es wurde festgestellt, daß die Reaktionsgeschwindigkeiten für die Bildung von Acetylen und Diacetylen über C_2H-Radikale sich um zwei Größenordnungen im Intervall 1000–2500 K unterscheiden und die gaschromatographisch bestimmten Mengen von Dimethyl- und Vinylacetylen auch auf theoretischem Wege bestätigt werden können. Auch die Rußbildung in der acetylenreichen Plasmaflamme scheint wesentlich über das Radikal C_2H zu laufen. Folgender Prozeß, der schließlich zur Bildung und Kondensation von Polyacetylenradikalen führt, kann angenommen werden [23]:

$$\begin{array}{llllll}
C_2H + C_2H_2 \rightarrow & C_4H_3; & C_4H_4 + C_2H \rightarrow & C_6H_3; & C_6H_2 + C_2H \rightarrow & C_8H_3; \quad \text{usw.} \\
& \downarrow & & \downarrow & & \downarrow \\
& C_4H + H_2 & & C_6H + H_2 & & C_8H + H_2 \\
& \downarrow & & \downarrow & & \downarrow \\
& C_4H_2 & & C_6H_2 & & C_8H_2
\end{array}$$

Eine experimentell bestätigte häufige Zusammensetzung solcher Ruße von C_8H könnte in dieser Weise gedeutet werden. Somit ist der Zerfall des Acetylens in die Elemente im Grunde genommen ein Polymerisationsprozeß, der zu Aggregaten führt, deren C/H-Verhältnis laufend anwächst. Besondere Eigenschaften von Acetylenruß, wie z.B. seine elektrische Leitfähigkeit, hängen eng mit dieser Entstehung und der hohen Zahl von π-Bindungen zusammen.

Die Bildung der Hochtemperaturruße über höhere Acetylene wird auch durch Beobachtungen bei Verbrennungsvorgängen gestützt. Abb. 8. zeigt einen Zusammenhang von Rußentstehung und höheren Acetylenen, wie er im Prozeß der C_2H_2-Verbrennung unter vermindertem Druck beobachtet wurde [24]. Gemäß Untersuchungen für den C_2H_2-Zerfall am Stoßwellenrohr gibt es nach Klotz offenbar zwei Arten von Ruß, die durch unterschiedliche Verweilzeiten (Dauer des heißen Zustandes) zu charakterisieren sind. Nach MS-Untersuchungen sind für die erste Rußform C_4-Aggregate maßgeblich (Abb. 9) [25].

Der an die primäre Nukleation sich anschließende Vorgang des Wachsens von Kohlenstoffknäuelen (s. Abb. 10) könnte im Prinzip durch die stochastische Anlagerung kleiner Radikale an Rußpartikel über einen Zufallsgenerator als Funktion der Zeit modelliert werden. Abschätzungen über Reaktionen 2. Ordnung liefern Zeiten von einigen Millisekunden für das Wachsen des Rußteilchens Die Verarmung kälterer peripherer Partien der Flamme (Plasmastrahl) an Radikalen führt zur Beendigung des Wachsens und der anschließenden Kondensation des Rußteilchens. In Abb. 11 und 12 sind elektronenmikroskopische Aufnahmen eines industriellen Acetylenrußes und eines Plasmarußes dargestellt.

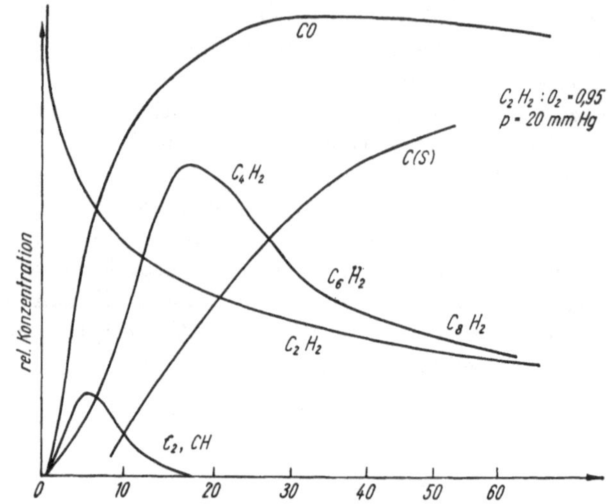

Abb. 8 Bildung von höheren Acetylenen und Ruß bei der C_2H_2-Verbrennung als Funktion der Höhe über dem Brenner, nach [24]

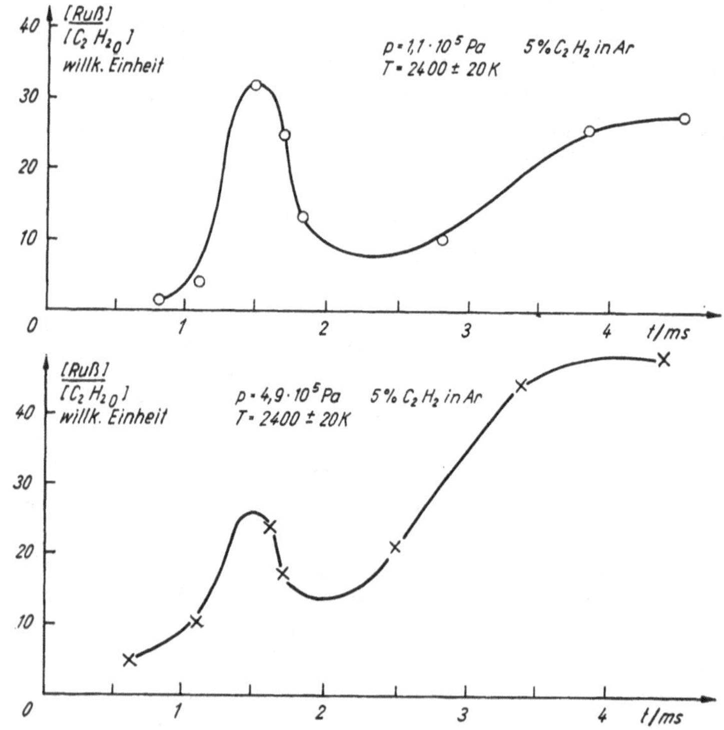

Abb. 9 Pyrolytischer Zerfall von Acetylen zu Ruß hinter der reflektierten Stoßwelle, nach [25]

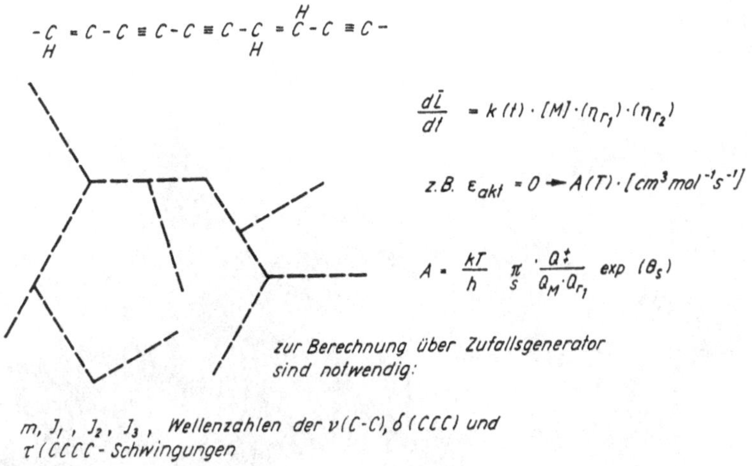

Abb. 10 Wachsen des Kohlenstoffketten-Knäuels nach Anlagerung von Radikalen

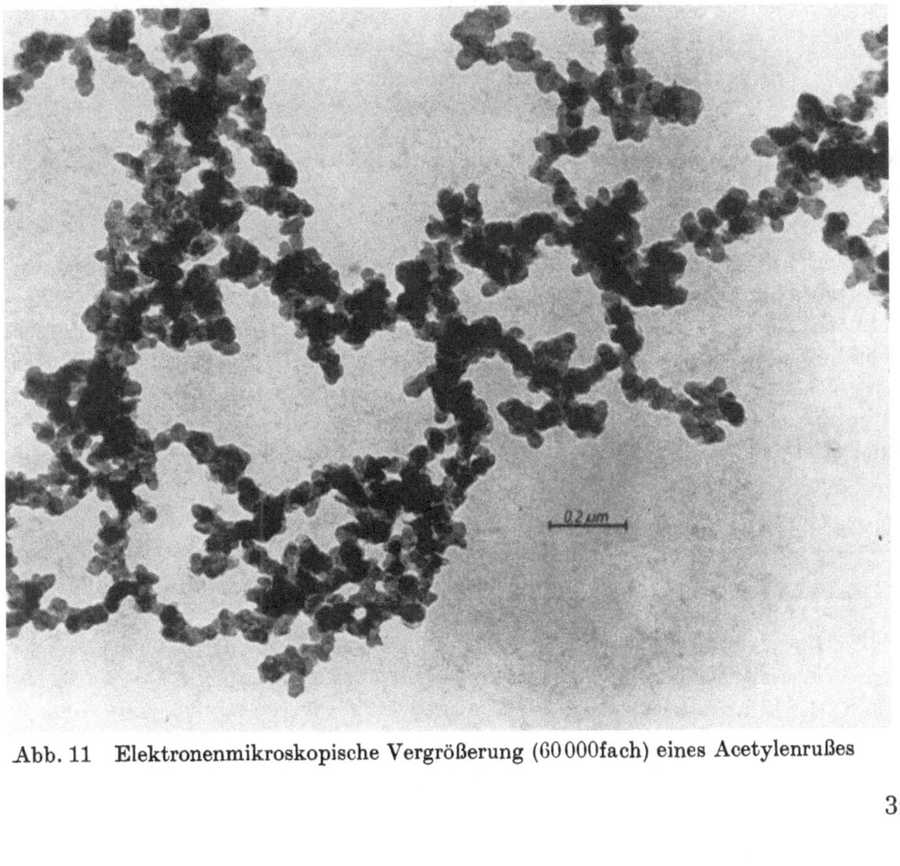

Abb. 11 Elektronenmikroskopische Vergrößerung (60000fach) eines Acetylenrußes

Abb. 12 Elektronenmikroskopische Vergrößerung (60000fach) von Plasmapyrolyseruß nach [26]

Zu erkennen ist die typische „Froschlaich“-Struktur, die als Folge anisotrop wirkender Kräfte zwischen den Rußpartikeln auftritt und sich mit erheblicher Resistenz gegenüber äußeren Veränderungen wie Aufschwemmungen, Schallfeld usw. verhält. Die Größe der Rußpartikeln beträgt bei den C_2H_2-Rußen etwa 50 – 120 nm. Rechnet man mit einem Würfel der Kantenlänge $8 \cdot 10^{-6}$ cm, so entsprechen dem etwa $1 \cdot 10^7$C-Atome pro Teilchen bzw. 200 C-Atome in einer Richtung. In Tab. 6 sind nach SCHIERHORN und STEINIKE [26] die rönt-

Tabelle 6 Netzebenenabstände in nm [26]

			(002)			(100)	(101)	(102)
Graphit	ASTM 13-148	—	0,335	—	—	0,213	0,204	0,180
	ASTM 12-212	—	0,337	—	—	0,213	0,203	0,180
	Plasma ZIPC	0,615	0,364	0,252	0,232	0,216	—	0,185
Ruß (C_2H_2)		—	0,365	—	—	0,217	—	—
Rußgrit		—	0,358	—	—	0,214	—	0,181

genographisch bestimmten Netzebenenabstände verschiedener Rußproben dargestellt. Zum Vergleich sind die Standardwerte des Graphits mit aufgeführt worden. Die Pyrolyseruße zeigen ebenfalls graphitische Reflexe, aber auch Ebenen, die noch nicht in das Graphitgitter eingeordnet sind. Rußgrit ist dem Graphit am ähnlichsten, da seine Zwischenschichtabstände denen des Graphits am nächsten liegen. Die primären Plasmarußteilchen sind mit 3 – 7 nm feiner als der C_2H_2-Ruß, aber auch weniger graphitisch infolge der hohen Quenchgeschwindigkeit der Plasmapyrolysegase. Elektrische Leitfähigkeit und Temperatur bei der Rußentstehung (Deposition) scheinen einander her zu gehen. In Abb. 13 ist ein Zusammenhang zwischen dem spezifischen elektrischen Widerstand eines Rußes bei Raumtemperatur in Abhängigkeit von der Temperatur der Rußentstehung dargestellt. Liegt letztere unter 2000 °C, fällt also die Leitfähigkeit solcher Ruße erheblich ab [23].

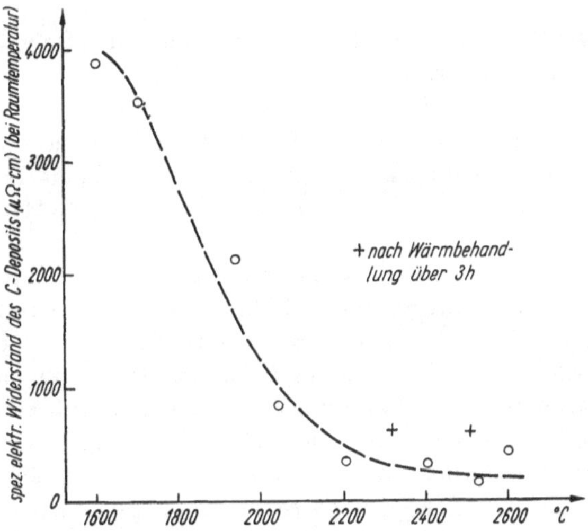

Abb. 13 Spezifischer elektrischer Widerstand eines Rußdeposits ($\mu\Omega \cdot$ cm) bei Normaltemperatur als Funktion der Temperatur bei der Rußentstehung in °C, nach [23]

Schließlich sei auf die Rolle elektrischer Ladungsträger bei der Rußentstehung hingewiesen. Für einen mit C_2H_2 vermischten Argonplasmastrahl ist die Ionendichte mit einer Ionensonde nach LACHMANN gemessen worden. Wenn beim Acetylenzerfall in der Kondensationszone des Plasmas etwa $10^{16} \cdot cm^{-3}$ C-Atome als Ruß niedergeschlagen werden und wenn ein Rußteilchen etwa $1 \cdot 10^4$ C-Atome enthält, so müßten 10^{12} primäre Rußteilchen pro cm^3 entstehen. Das ist aber etwa die Zahl von Ionen, die im reaktiven Plasmastrahl im Gebiet der Rußausscheidung gemessen worden ist. Es besteht so die Vermutung, daß ein unmittelbarer Zusammenhang zwischen der Rußteilchenzahl und der Zahl elektrischer Träger (ähnlich wie bei der Kondensation von Wasserdampf) existiert.

Abschließend sei auf einen technisch ökonomischen Aspekt hingewiesen. Die Plasmaruße zeigen im wesentlichen die gleichen Eigenschaften wie Acetylenruß. Die Erzeugung solcher Pyrolyseruße könnte ökonomischer geschehen durch die Wandlung von Kohlenwasserstoffen in einem Plasmareaktor (Einstufenprozeß) als über den aufwendigen Karbid-Acetylen-Prozeß. Auch beim Plasmaprozeß wird Acetylen als Zwischenstadium gebildet. Wesentlich für die Eigenschaften des Pyrolyserußes sind in erster Linie das primäre C:H-Verhältnis, die Temperatur und die Temperaturänderung im Regime der Rußabscheidung.

7. Zusammenfassung

Die Hochtemperaturpyrolyse im Plasmastrahl ist eine geeignete Methode zur Wandlung großer Mengen an Kohlenwasserstoffen – vom Erdgas bis zu den schweren Fraktionen der Kohleinhaltsstoffe – zum Zwecke der Erzeugung von Acetylen, Äthylen und anderen ungesättigten Verbindungen. Die Wandlung von Kohlenwasserstoffen zu Acetylen im thermischen Plasma geschieht mit spezifischen Energien, die geringer sind als beim konventionellen Karbidprozeß.

Beherrscht werden gegenwärtig die Thermodynamik und Reaktionskinetik der Umsetzung niederer Alkane bei Temperaturen bis zu 3500 K, sowie die berührungslose- und Sondendiagnostik und die Quenchprozesse im thermischen Plasma. Anhand der spektroskopischen und stoßwellenkinetischen Untersuchungen wurden ein Modell der Alkan-Acetylen-Ruß-Wandlung entwickelt und optimale Zeiten für das Verweilen der Kohlenwasserstoffe in der heißen Zone experimentell und theoretisch ermittelt. Wesentlich hierfür ist die Kenntnis kleiner C_nH_m-Radikale hinsichtlich Bildungsenergie und reaktiver Eigenschaften.

Die Bildung von Pyrolyserußen im Rahmen der plasmachemischen Kohlenwasserstoffwandlung ist kein Zerfallsprozeß des als Zwischenstadium gebildeten Acetylens, sondern offenbar eine dehydrierende Polymerisation von höheren Acetylenen, indem das C:H-Verhältnis zugunsten des Kohlenstoffs anwächst. Untersuchungen mit Spezialsonden und die elektronenmikroskopische Aufklärung der Größe und Morphologie dieser Ruße geben den Hinweis, daß die pro Volumen anfallende Zahl von Rußpartikeln größenordnungsmäßig identisch ist mit der im selben Volumen existierenden Zahl von Ionen.

Literatur

[1] Spangenberg, H. J.: Chemische Umsetzungen von Kohlenwasserstoffen im Plasmastrahl, in: Moderne chemische Technologie, Akademie-Verlag, Berlin 1980.

[2] Drost, H.: Plasmachemie, Berlin, Akademie-Verlag 1978.

[3] Polak, L. S.: Electrochemistry in Discharge Plasmas, 10th Intern. Conf. on Phenomena in Ionized Gases, London 1971, Invited Papers.

[4] Spangenberg, H. J.: Problems of Thermodynamics and Diagnostics of Reactive Hot Gases, 13th Intern. Conf. on Phenomena in Ionized Gases, Berlin 1977, Invited Papers.

[5] Spangenberg, H. J.: Z. Chem. **21**, 165 (1981).

[6] Kranz, E.: Plasmaerzeuger für die Plasmachemie, Beiträge Physik u. Technik des Plasmas, IV, Karl-Marx-Stadt 1974, S. 301.

[7] Spangenberg, H. J.; Schirmer, W.: Z. Chem. 14 (1974) 125.

[8] Cannon, R. E. u. Krukonis, V.: Arc-Coal Prozess Development, Res. and Develop. Rep. Nr. 34, Lowell, Massachusetts 1972.

[9] Hebecker, D.: Habilitationsschrift, TH Leuna-Merseburg, 1980.

[10] Neumann, K. K.: Braunschweig, Techn. Hochschule, Dissertation 1959.

[11] Winkelmann, G.: Berlin, Univ. Dissertation 1978.

[12] Winkelmann, G.; Lachmann, J.; Spangenberg, H. J.: Ber. Bunsenges. physik. Chem. 81 (1977) 432.

[13] Börger, I.; Klotz, H.-D.; Spangenberg, H. J.: Z. physik. Chem. (Leipzig) **263**, H. 2.

[14] Lachmann, J.; Börger, I.; Spangenberg, H. J.: Z. physik. Chem. (Leipzig) **255** (1974) 1048.

[15] Kondrat'ev, V. N.; Nikitin, E. E.: Kinetika i mechanizm gazofaznych reakcij, Moskau, Verlag Nauka 1974, S. 236.

[16] Hartig, R.; Troe, J.; Wagner, H. G.: 13th Sympos. Combustion, Salt Lake City, 1970.

[17] Troe, J.: Annu. Rev. physic. Chem. **29** (1978) 223.

[18] Roth, P.; Just, T.: Ber. Bunsenges. physik. Chem. **83** (1979) 577.

[19] Rao, V. V.; Mackey, D.; Trass, O.: Canad. J. chem. Engn. **45** (1967) 61.

[20] Dessau, L.; Spangenberg, H. J.: Chem. Techn. **32** (1980) 141.

[21] Jacox, M. E.: J. chem. Physics 7 (1975) 424.

[22] Lange, W.; Wagner, H. G.: Ber. Bunsenges. physik. Chem. **79** (1975) 165.

[23] Walker, P. L.: Chemistry and Physics of Carbon, New York, Marcel Dekker, 1965.

[24] Bonne, U.; Homann, A. H.; Wagner, H. G.: Symp. Combust 10th Cambridge Univ. 164 (1965) 503.

[25] Klotz, H. D.; Drost, H.: persönl. Mitteilung.

[26] Schierhorn, E.; Steinike, U.: persönl. Mitteilung.

MIX
Papier | Fördert
gute Waldnutzung
FSC® C083411

Zeitfracht Medien GmbH
Ferdinand-Jühlke-Straße 7
99095 Erfurt, Deutschland
produktsicherheit@kolibri360.de